普通高等教育新工科电子信息类课改系列教材

计算机导论

陈红梅　肖　清　主编

西安电子科技大学出版社

内 容 简 介

本书介绍了计算机学科的基本概念与基本原理,以及常用软件的使用方法。全书分为两部分:第一部分是理论部分(第一章到第五章),介绍了计算机学科的基本概念与基本原理,内容包括数制与编码、计算机硬件组成与工作原理、操作系统、算法与数据结构、程序设计语言与编译原理;第二部分是实验部分(第六章到第十章),介绍了常用软件的使用方法,内容包括Windows 操作系统、Word 文字处理、Excel 表格处理、PowerPoint 演示文稿、网络应用。

本书旨在帮助学生了解计算机学科的基本知识,提高计算机的应用能力,为后续课程的学习打下基础。

本书不仅可以作为计算机相关专业学生的教材,也适合希望了解计算机学科基本知识及常用软件使用方法的读者参考使用。

图书在版编目(CIP)数据

计算机导论/陈红梅,肖清主编. —西安:西安电子科技大学出版社,2015.4(2023.8 重印)
普通高等教育新工科电子信息类课改系列教材
ISBN 978–7–5606–3651–1

Ⅰ. ① 计⋯　Ⅱ. ① 陈⋯　② 肖⋯　Ⅲ. ① 电子计算机—高等学校—教材
Ⅳ. ① TP3

中国版本图书馆 CIP 数据核字(2015)第 053031 号

策　　划　毛红兵
责任编辑　毛红兵　杨　柳
出版发行　西安电子科技大学出版社(西安市太白南路 2 号)
电　　话　(029)88202421　88201467　　邮　　编　710071
网　　址　www.xduph.com　　　　　电子邮箱　xdupfxb001@163.com
经　　销　新华书店
印刷单位　广东虎彩云印刷有限公司
版　　次　2015 年 4 月第 1 版　　2023 年 8 月第 4 次印刷
开　　本　787 毫米×1092 毫米　1/16　印　张　9
字　　数　207 千字
印　　数　5001～6200 册
定　　价　25.00 元
ISBN 978–7–5606–3651–1/TP
XDUP 3943001–4
如有印装问题可调换

前　言

"计算机导论"是为计算机相关专业的大学一年级学生开设的学科基础课程，目的是"为学生提供一个关于计算机学科的入门介绍，使学生能对该学科有一个整体的认识，并了解作为该专业学生应具有的基本知识和基本技能"，为今后其它专业课程的学习奠定基础。

随着计算机的迅速发展及广泛应用，大部分大一新生已对计算机及其使用有了初步了解，因此，很多高校都相应地调整了计算机学科基础课程的教学计划。编者所在学校也结合自身特点调整了"计算机导论"的课程教学计划，更多地强调整体性、基础性与应用性，将课程学时分为理论学时与实验学时两部分，并且缩减了理论学时，增加了实验学时，这就需要调整课程教学内容，同时也需要一本相应的课程教材。为此，编者在参考以前使用的教材及参考书(见参考文献)的基础上，总结多年教学经验，根据调整的课程教学计划及教学内容，整理并编写了本书。

本书分为理论部分(第一章到第五章)和实验部分(第六章到第十章)两部分。

理论部分介绍计算机学科的基本概念与基本原理，并尽可能地以较少的篇幅覆盖计算机学科基础核心课程的基本知识。

第一章介绍数据在计算机中的表示方法——数制与编码。首先，阐述了在计算机中为什么数据必须转换为 1 和 0 的形式；然后，将数据分为数值数据与非数值数据，分别介绍它们转换为 1 和 0 的方法，即数制与编码，包括进位制数、定点与浮点表示、机器数、字符编码、汉字编码、图像编码。

第二章紧扣第一章，首先介绍计算机的数学与电路基础——逻辑代数与数字电路，以便理解计算机为何只能处理符号 1 和 0 以及如何处理和存储；然后介绍计算机硬件组成与工作原理，包括内存储器、指令系统、中央处理器、输入设备、输出设备和外存储器。

第三章～第五章介绍计算机软件的基本知识。第三章首先介绍操作系统的地位与功能；然后围绕操作系统的资源管理功能，分别介绍处理器管理、存储管理、设备管理和文件管理。

第四章介绍程序设计的重要理论与技术基础——算法与数据结构。首先，介绍算法的概念及特点、描述形式、算法分析的两个方面、算法设计的常用方法；然后，介绍数据结构的基本概念与研究内容，并重点介绍线性结构、树结构、图结构三个逻辑结构。

第五章首先介绍程序设计语言的分类，包括机器语言、汇编语言、命令型语言、面向对象语言；然后介绍将其它语言转换为机器语言的语言处理程序，并重点介绍编译原理，包括编译过程及算法优先分析法。

实验部分介绍常用软件的使用方法，内容包括 Windows 操作系统、Word 文字处理、Excel 表格处理、PowerPoint 演示文稿及网络应用，并分别安排了实验内容。

第六章首先介绍操作系统的基本概念，然后从系统和文件两个角度介绍 Windows 的基本操作。

第七章～第九章介绍 Microsoft Office 办公套件中的常用办公软件 Word、Excel、PowerPoint，每一个软件都首先介绍其工作环境，然后介绍其基本操作。

第十章介绍计算机网络的基本概念、硬件设备、主要服务及常用操作。

本书作为教材时建议安排理论课时 12～16 个学时，实验课时 20～32 个学时。

在本书的编写过程中，虽然力争兼顾整体性、基础性与应用性，但是由于篇幅与学时限制，一些学科基本知识(如计算机图形学、数据库、软件工程等)没有纳入本书。

此外，由于编者的水平有限，不足之处在所难免，敬请读者批评指正。

编　者

2014 年 10 月

目　录

理 论 部 分

第一章　数制与编码 2

  1.1　数制 2

    1.1.1　进位制数及其相互转换 2

    1.1.2　定点与浮点表示 5

    1.1.3　机器数 7

  1.2　编码 9

    1.2.1　字符编码 10

    1.2.2　汉字编码 10

    1.2.3　图像编码 11

  习题一 11

第二章　计算机硬件组成与工作原理 12

  2.1　逻辑代数 13

  2.2　数字电路 13

    2.2.1　非门 14

    2.2.2　触发器 14

  2.3　内存储器 15

  2.4　中央处理器 17

    2.4.1　指令系统 17

    2.4.2　中央处理器 20

  2.5　外部设备 22

    2.5.1　输入设备 22

    2.5.2　输出设备 23

    2.5.3　外存储器 24

  习题二 24

第三章　操作系统 26

  3.1　处理器管理 27

    3.1.1　程序的并发执行 27

    3.1.2　进程 27

    3.1.3　进程控制 28

  3.2　存储管理 29

    3.2.1　存储管理方案 29

    3.2.2　请求页式管理 30

  3.3　设备管理 31

    3.3.1　程序查询方式 31

    3.3.2　中断控制方式 32

  3.4　文件管理 32

    3.4.1　多重索引结构 33

    3.4.2　多级目录结构 33

  习题三 34

第四章　算法与数据结构 35

  4.1　算法 35

    4.1.1　算法描述 35

    4.1.2　算法分析 37

    4.1.3　算法设计 38

  4.2　数据结构 40

    4.2.1　基本概念 40

    4.2.2　线性结构 42

    4.2.3　树结构 43

    4.2.4　图结构 44

  习题四 46

第五章　程序设计语言与编译原理 47

  5.1　程序设计语言 47

    5.1.1　机器语言 47

    5.1.2　汇编语言 47

    5.1.3　高级语言 48

  5.2　编译原理 50

    5.2.1　编译过程 51

    5.2.2　算符优先分析法 52

  习题五 54

实 验 部 分

第六章　Windows 操作系统 56
　6.1　基本概念 56
　　6.1.1　操作系统 56
　　6.1.2　硬件与软件 56
　　6.1.3　文件与文件夹 56
　　6.1.4　文件系统 57
　　6.1.5　驱动器与盘符 57
　　6.1.6　硬盘分区与硬盘格式化 57
　　6.1.7　路径 57
　　6.1.8　资源管理器 58
　　6.1.9　剪贴板 58
　6.2　系统基本操作 58
　　6.2.1　安装、启动与退出 58
　　6.2.2　鼠标 59
　　6.2.3　键盘 60
　　6.2.4　桌面 61
　　6.2.5　窗口 63
　　6.2.6　控制面板 64
　6.3　文件基本操作 66
　　6.3.1　浏览与选择 66
　　6.3.2　查看与重命名 67
　　6.3.3　复制与移动 67
　　6.3.4　删除与还原 67
　　6.3.5　新建 67
　　6.3.6　搜索 68
　　6.3.7　创建快捷方式 68
　　6.3.8　压缩 68
　6.4　实验 68
　　6.4.1　基本实验 68
　　6.4.2　扩展实验 70
　　6.4.3　学有余力 71

第七章　Word 文字处理 72
　7.1　工作环境 72
　7.2　基本操作 73
　　7.2.1　新建/打开文档 73
　　7.2.2　输入文档内容 73

　　7.2.3　文档编辑 74
　　7.2.4　修饰文本 76
　　7.2.5　修饰段落 77
　　7.2.6　格式复用 80
　　7.2.7　查看文档 82
　　7.2.8　编辑图片 83
　　7.2.9　编辑表格 85
　　7.2.10　排版 87
　　7.2.11　自动保存文档 90
　7.3　实验 90
　　7.3.1　基本实验 90
　　7.3.2　扩展实验 92
　　7.3.3　学有余力 93

第八章　Excel 表格处理 95
　8.1　工作环境 95
　8.2　基本操作 96
　　8.2.1　对象的选择 96
　　8.2.2　输入数据 97
　　8.2.3　编辑数据 98
　　8.2.4　公式和函数 99
　　8.2.5　工作表操作 102
　　8.2.6　图表 105
　　8.2.7　数据处理 107
　8.3　实验 110
　　8.3.1　基本实验 110
　　8.3.2　扩展实验 112
　　8.3.3　学有余力 113

第九章　PowerPoint 演示文稿 114
　9.1　工作环境 114
　9.2　基本操作 115
　　9.2.1　创建演示文稿 115
　　9.2.2　操作幻灯片 116
　　9.2.3　添加对象 116
　　9.2.4　统一幻灯片外观 119
　　9.2.5　输出演示文稿 120

9.3 实验 121

9.3.1 基本实验 121

9.3.2 扩展实验 122

9.3.3 学有余力 122

第十章 网络应用 124

10.1 基本概念 124

10.1.1 计算机网络 124

10.1.2 C/S 与 B/S 124

10.1.3 网卡 125

10.1.4 网络类型 125

10.1.5 网络互联设备 125

10.1.6 网络拓扑 126

10.1.7 网络协议 126

10.2 IP 地址与域名 126

10.2.1 IP 地址 127

10.2.2 IP 地址分类 127

10.2.3 子网与子网掩码 128

10.2.4 域名系统 128

10.3 Internet 的主要服务 129

10.3.1 WWW 129

10.3.2 E-mail 129

10.3.3 FTP 130

10.3.4 搜索引擎 130

10.3.5 网上交流 130

10.3.6 电子商务 130

10.3.7 电子政务 130

10.4 常用操作 131

10.4.1 浏览器 IE(Internet Explorer)

操作 131

10.4.2 信息检索 132

10.4.3 查看网络配置 132

10.4.4 网络连通性测试 132

10.4.5 网络共享资源设置 133

10.4.6 设置 IP 地址 133

10.5 实验 133

10.5.1 基本实验 133

10.5.2 扩展实验 134

10.5.3 学有余力 135

参考文献 136

理论部分

第一章　数制与编码

本章介绍数据在计算机中的表示方法——数制与编码。

计算机采用数字电路，其工作信号是数字信号。数字信号只有两个数字符号：1 和 0。数字符号 1 和 0 不是数值 1 和 0，而是符号 1 和 0，可以表示任何二值状态，例如，可以用 1 和 0 分别表示电路的通和断、电平的高和低、逻辑值的真和假、符号的正和负、性别的男和女等。

既然计算机只能处理 1 和 0，那么输入计算机进行存储和处理的任何形式的数据都必须转换为 1 和 0 的形式。如同 26 个英文字母符号可以组合表示所有英文单词一样，1 和 0 两个符号也可以组合表示所有数据。

数据可以分为数值数据与非数值数据，例如，带有数量意义的 1、−2、3.4、−5.6 等是数值数据，而字符、汉字、声音、图像等都是非数值数据。通常，数值数据采用数制，非数值数据采用编码转换为 1 和 0 的形式。

1.1　数　　制

数值数据包括整数与小数、正数与负数，它们均可以运算。采用数制表示数值数据需要考虑以下问题：数字符号的选用、小数点位置的表示、正号与负号的表示以及运算的简化，下面就这三个问题分别进行介绍。

1.1.1　进位制数及其相互转换

1. 进位制数

1) 十进制数

日常生活中采用的进位制数是十进制数(Decimal)，具有如下特点：

◆ 选用的数字符号是符号 0~9，共十个；

◆ 采用的计数规则是低位向高位逢十进一；

◆ 基数为 10，第 i 位的位权为 10^i(整数部分最低位为第 0 位)，即每个位上的数字符号意义不同。例如，11 的第一个 1 是 $1 \times 10^1 = 10$，第二个 1 是 $1 \times 10^0 = 1$。

例 1-1　$(16.5625)_{10} = 1 \times 10^1 + 6 \times 10^0 + 5 \times 10^{-1} + 6 \times 10^{-2} + 2 \times 10^{-3} + 5 \times 10^{-4}$

2) 二进制数

计算机采用的进位制数是二进制数(Binary)，具有如下特点：

◆ 选用的数字符号是符号 0~1，共两个；

◆ 采用的计数规则是低位向高位逢二进一；

◆ 基数为 2，第 i 位的位权为 2^i（整数部分最低位为第 0 位）。

例 1-2　$(1100.011)_2 = 1 \times 2^3 + 1 \times 2^2 + 1 \times 2^{-2} + 1 \times 2^{-3}$

计算机学科也采用八进制数(Octal)和十六进制数(Hexadecimal)，但是在计算机中只采用二进制，引入八进制和十六进制是因为它们比二进制简洁，而且二进制与它们的转换比与十进制的转换简单。各进制数的特点如表 1-1 所示。

表 1-1　各进制数的特点

	十进制数	二进制数	八进制数	十六进制数
特点	符号 0~9；逢十进一；基数为 10，第 i 位的位权为 10^i	符号 0~1；逢二进一；基数为 2，第 i 位的位权为 2^i	符号 0~7；逢八进一；基数为 8，第 i 位的位权为 8^i	符号 0~9，字母 A~F；逢十六进一；基数为 16，第 i 位的位权为 16^i

事实上，进位制数只是数值数据的表达方式，任何数值数据既可以用十进制数表示，也可以用二进制数表示，还可以用八进制数或十六进制数表示，它们之间可以相互转换。

2. 各进位制数的相互转换

1）二进制数与十进制数的转换

二进制数转换为十进制数的方法是：按十进制的运算规则，把二进制数的各位数按位权展开相加。

例 1-3　$(1100.011)_2 = 1 \times 2^3 + 1 \times 2^2 + 1 \times 2^{-2} + 1 \times 2^{-3} = 8 + 4 + 0.25 + 0.125 = (12.375)_{10}$

十进制数转换为二进制数分整数转换和小数转换两种情况。

(1) 整数转换。十进制整数转换为二进制整数采用除 2 取余法，即首先用 2 连续除该十进制整数及得到的商，并列出余数，直至商为 0，然后把余数按得到的先后顺序，从低位到高位排列。

例 1-4　$(16)_{10} = (10000)_2$

$$
\begin{array}{c|cc}
2 & 16 & 0 \quad 低位 \\
2 & 8 & 0 \\
2 & 4 & 0 \\
2 & 2 & 0 \\
2 & 1 & 1 \quad 高位 \\
& 0 &
\end{array}
$$

(2) 小数转换。十进制小数转换为二进制小数采用乘 2 取整法，即首先用 2 连续乘该十进制小数及得到的积的小数，并列出积的整数，直至积的小数为 0，然后把积的整数按得到的先后顺序，从高位到低位排列。

例 1-5　$(0.5625)_{10} = (0.1001)_2$

$$
\begin{array}{r}
0.5625 \\
\times \quad 2 \\
\hline
1.125 \qquad 1 \quad 高位\\
\times \quad 2 \\
\hline
0.25 \qquad 0 \\
\times \quad 2 \\
\hline
0.5 \qquad 0 \\
\times \quad 2 \\
\hline
1.0 \qquad 1 \quad 低位
\end{array}
$$

若出现积的小数不可能为 0 的情况，则转换过程的终止可由转换精度确定。

例 1-6　$(0.3)_{10} = (0.01001100110011\cdots\cdots)_2$

2) 二进制数与八进制数的转换

由于 $8^1 = 2^3$，所以八进制数与二进制数之间存在简单的转换方法，即 1 位八进制对应 3 位二进制。二进制数与八进制数及十六进制数的对应关系如表 1-2 所示。

表 1-2　二进制数与八进制数及十六进制数的对应关系

八进制数	二进制数	十六进制数	二进制数	十六进制数	二进制数
0	000	0	0000	8	1000
1	001	1	0001	9	1001
2	010	2	0010	A	1010
3	011	3	0011	B	1011
4	100	4	0100	C	1100
5	101	5	0101	D	1101
6	110	6	0110	E	1110
7	111	7	0111	F	1111

八进制数转换为二进制数的方法是：1 位八进制直接转换为对应的 3 位二进制。

例 1-7　$(16.14)_8 = (\underline{001}\ \underline{110}.\underline{001}\ \underline{100})_2 = (1110.0011)_2$

二进制数转换为八进制数的方法是：首先以小数点为界，整数部分从低位向高位每 3 位 1 组划分，高位组不足 3 位时，高位补 0；小数部分从高位向低位每 3 位 1 组划分，低位组不足 3 位时，低位补 0，然后将每组的 3 位二进制直接转换为对应的 1 位八进制。

例 1-8　$(10011.00101)_2 = (\underline{010}\ \underline{011}.\underline{001}\ \underline{010})_2 = (23.12)_8$

3) 二进制数与十六进制数的转换

由于 $16^1 = 2^4$，所以十六进制数与二进制数之间也存在简单的转换方法，即 1 位十六进制对应 4 位二进制，对应关系如表 1-2 所示。

十六进制数转换为二进制数的方法是：1 位十六进制直接转换为对应的 4 位二进制。

例 1-9　$(3A.B2)_{16} = (\underline{0011}\ \underline{1010}.\underline{1011}\ \underline{0010})_2 = (111010.1011001)_2$

二进制数转换为十六进制数的方法是：首先以小数点为界，整数部分从低位向高位每 4 位 1 组划分，高位组不足 4 位时，高位补 0；小数部分从高位向低位每 4 位 1 组划分，低位不足 4 位时，低位补 0，然后每组的 4 位二进制直接转换为对应的 1 位十六进制。

例 1-10 $(1111111.1110011)_2 = (0111\ 1111.1110\ 0110)_2 = (7F.E6)_{16}$

1.1.2 定点与浮点表示

在计算机中，小数点不用专门的器件表示，而是按约定的方式标出，有两种方法表示小数点的位置：定点表示与浮点表示。定点表示的数称为定点数，浮点表示的数称为浮点数。在介绍它们之前，首先简单介绍计算机采用的存储单位。

数据的存储与处理以字为基本单位。1 个 1 或 0 称为 1 个位(bit)，8 个位称为 1 个字节(Byte)，2^{10} 个字节称为 1 K 个字节(KB)，2^{20} 个字节称为 1M 个字节(MB)，2^{30} 个字节称为 1G 个字节(GB)，2^{40} 个字节称为 1 T 个字节(TB)，即：

- ◆ 8 bit = 1 Byte
- ◆ 2^{10} B = 1024 B = 1 KB
- ◆ 2^{20} B = 1024 KB = 1 MB
- ◆ 2^{30} B = 1024 MB = 1 GB
- ◆ 2^{40} B = 1024 GB = 1 TB

1. 定点表示

定点表示是指小数点位置固定不变，分为定点整数与定点小数，定点整数的小数点位置隐式地固定在数值位之后，表示纯整数；定点小数的小数点位置隐式地固定在数值位之前，表示纯小数，如图 1-1 所示。数值的位数 n 决定了所能表示的数值范围，如机器数采用原码，则定点整数的二进制数值范围为 $\pm\overset{n}{\overbrace{1\ldots\ldots1}}$，十进制数值范围为 $\pm(2^n-1)$，定点小数的二进制数值范围为 $\pm0.\overset{n}{\overbrace{1\ldots\ldots1}}$，十进制数值范围为 $\pm(1-2^{-n})$。

图 1-1 定点表示格式

例 1-11 以定点整数为例，设字长为 8 位(采用 8 位存储数据)，从高位到低位依次是：符号 1 位，数值 7 位，小数点位置隐式地固定在数值位之后，所能表示的二进制数值范围为 ±1111111，对应的十进制数值范围为 $\pm(2^7-1)$。

$(-10000)_2$ 的定点整数存储如图 1-2 所示，其中，负号用 1 表示，正号用 0 表示。

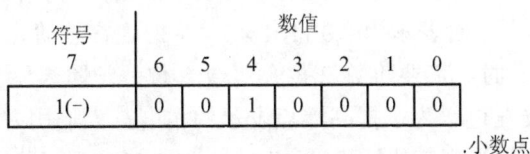

图 1-2 例 1-11 定点整数表示格式

2. 浮点表示

浮点表示是指小数点位置随着阶的变化而左右浮动。浮点表示用于实数，称为浮点实数。事实上，浮点表示采用记阶表示，即任何二进制数 N 都可以采用如图 1-3 所示的记阶表示，其中，阶数为二进制正整数，尾数为二进制正小数。

例 1-12　$(-11.01)_2 = (-0.1101 \times 2^{10})_2 = (-0.01101 \times 2^{+11})_2 = (-0.001101 \times 2^{+100})_2$

从例中可以看到，小数点位置随着阶的变化而左右浮动。

在计算机中，浮点实数表示格式如图 1-4 所示，小数点位置隐式地表示在尾数位之前，尾数随着阶的变化而变化，因此小数点位置也随着阶的变化而左右浮动。阶符和阶数的位数 m 决定了其所能表示数值的范围及小数点的实际位置。尾符决定了数值的正负，尾数的位数 n 决定了数值的精度。如浮点实数为非规范化浮点数时，其表示范围如图 1-5 所示。从图中可以看到，最大正数是 $2^{(2^m-1)} \times (1-2^{-n})$，最小正数是 $2^{-(2^m-1)} \times 2^{-n}$，最大负数是 $-2^{-(2^m-1)} \times 2^{-n}$，最小负数是 $-2^{(2^m-1)} \times (1-2^{-n})$。如果计算中得到的数超出计算机浮点数所能表示的范围时，称为溢出。溢出又分为上溢和下溢，具体如图 1-5 所示。当上溢时，计算机停止运算，进行溢出中断处理；下溢时，计算机将尾数各位强置为零，按零处理。

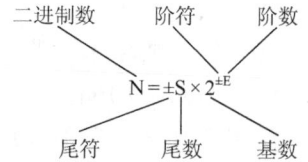

二进制数　阶符　阶数

$$N = \pm S \times 2^{\pm E}$$

尾符　尾数　基数

图 1-3　记阶表示

阶符	阶数			尾符	尾数		
E_f	E_1	$\cdots$	E_m	S_f	S_1	$\cdots$	S_n

.小数点

图 1-4　浮点实数表示格式

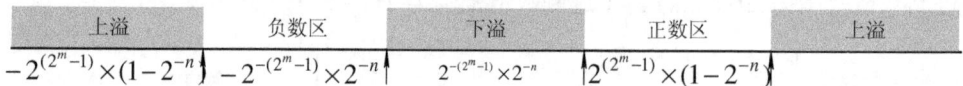

上溢	负数区	下溢	正数区	上溢

$-2^{(2^m-1)} \times (1-2^{-n})$　　$-2^{-(2^m-1)} \times 2^{-n}$　　$2^{-(2^m-1)} \times 2^{-n}$　　$2^{(2^m-1)} \times (1-2^{-n})$

图 1-5　浮点实数表示范围

例 1-13　设字长为 8 位，从高位到低位依次是：阶符 1 位，阶数 2 位，尾符 1 位，尾数 4 位，则浮点实数表示格式如图 1-6 所示，小数点位置隐式地表示在尾数位之前，所能表示数值的正数范围为 $2^{-3} \times 2^{-4} \sim 2^3 \times (1-2^{-4})$，负数范围为 $-2^3 \times (1-2^{-4}) \sim -2^{-3} \times 2^{-4}$。$(-11.01)_2 = (-0.1101 \times 2^{+10})_2$ 的浮点实数存储可见图中。

阶符	阶数		尾符	尾数			
7	6	5	4	3	2	1	0
0(+)	1	0	1(-)	1	1	0	1

.小数点

图 1-6　例 1-13 浮点实数表示格式

一个二进制数的记阶表示不唯一，不同的记阶表示需要的阶数位数和尾数位数不同，例如，二进制数 $(-11.01)_2$，记阶表示为 $(-0.1101 \times 2^{10})_2$ 时，需要阶数 2 位、尾数 4 位；记阶表示为 $(-0.01101 \times 2^{+11})_2$ 时，需要阶数 2 位、尾数 5 位；记阶表示为 $(-0.001101 \times 2^{+100})_2$ 时，需要阶数 3 位、尾数 6 位。为了提高浮点表示的精度，人们引入了规范化浮点数。尾数最高位为 1 的浮点实数称为规范化浮点数，例如，$(-0.1101 \times 2^{+10})_2$ 为规范化浮点数的记阶表示。当对非规范化浮点数进行规范化时，尾数左移 1 位，阶数减 1，尾数右移 1 位，阶数加 1。当采用规范化浮点数时，所能表示的最大正数是 $2^{(2^m-1)} \times (1-2^{-n})$，最小正数是 $2^{-(2^m-1)} \times 2^{-1}$，最大负数是 $-2^{-(2^m-1)} \times 2^{-1}$，最小负数是 $-2^{(2^m-1)} \times (1-2^{-n})$。

1.1.3　机器数

在计算机中，二进制数的正号与负号也必须转换为 0 和 1 的形式，用 0 表示正号，用 1 表示负号，未转换的二进制数称为真值，转换后的二进制数称为机器数。机器数有多种表式形式，这里将介绍原码与补码。

1. 原码

原码是最简单的机器数，它仅将真值的正号(+)与负号(−)分别转换为 0 与 1。

设字长为 n 位，二进制整数 x 的原码$[x]_{原}$定义为

$$[x]_{原} = \begin{cases} x & 0 \le x \le 2^{n-1}-1 \\ 2^{n-1}+|x| & -(2^{n-1}-1) \le x \le 0 \end{cases}$$

二进制纯小数 x 的原码$[x]_{原}$定义为

$$[x]_{原} = \begin{cases} x & 0 \le x < 1 \\ 2^0+|x| & -1 < x \le 0 \end{cases}$$

二进制数 x 转换为原码$[x]_{原}$的简单方法是：当 x 为正数时，$[x]_{原}$的符号位为 0，数值位不变；当 x 为负数时，$[x]_{原}$的符号位为 1，数值位不变。

反之，原码$[x]_{原}$转换为二进制数 x 的简单方法是：当$[x]_{原}$的符号位为 0 时，x 为正数，数值位不变；当$[x]_{原}$的符号位为 1 时，x 为负数，数值位不变。

例 1-14　设字长为 8 位，采用定点表示，"|" 分隔符号位与数值位，"." 表示小数点位置。

$$x = +10011 \qquad [x]_{原} = 0|0010011.$$
$$x = -10011 \qquad [x]_{原} = 1|0010011.$$
$$x = +0.10011 \qquad [x]_{原} = 0|.1001100$$
$$x = -0.10011 \qquad [x]_{原} = 1|.1001100$$

显然，在原码中，数值 0 有两种形式：$[+0]_{原} = 0|0000000.$，$[-0]_{原} = 1|0000000.$。

2. 补码

如同十进制数一样，二进制数也可以运算，对于加法运算，原码与真值没有本质区别。当两个二进制数(原码或真值)相加，需要判断是同号相加还是异号相加，若是同号相加，其和的符号位保持不变，数值位相加；若是异号相加，则需判断哪个数的绝对值大，和的符号是绝对值大的数的符号，数值是绝对值大的数减绝对值小的数。可见，对于加法运算，原码与真值的运算步骤较复杂。为了简化运算，引入了补码。

设字长为 n 位，二进制整数 x 的补码$[x]_{补}$定义为

$$[x]_{补} = \begin{cases} x & 0 \le x \le 2^{n-1}-1 \\ 2^n+x & -2^{n-1} \le x < 0 \end{cases}$$

二进制纯小数 x 的补码$[x]_补$定义为

$$[x]_补 = \begin{cases} x & 0 \le x < 1 \\ 2^n + x & -1 \le x < 0 \end{cases}$$

二进制数 x 转换为补码$[x]_补$的简单方法是：当 x 为正数时，$[x]_补$的符号位为 0，数值位不变；当 x 为负数时，$[x]_补$的符号位为 1，数值位为取反加 1(整数相当于加 1，纯小数相当于加 $2^{-(n-1)}$)。

反之，补码$[x]_补$转换为二进制数 x 的简单方法是：当$[x]_补$的符号位为 0 时，x 为正数，数值位不变；当$[x]_补$的符号位为 1 时，x 为负数，数值位为取反加 1(整数相当于加 1，纯小数相当于加 $2^{-(n-1)}$)。

例 1-15 设字长为 8 位，采用定点表示，"I"分隔符号位与数值位，"."表示小数点位置。

$$x = +10011 \qquad [x]_补 = 0I0010011.$$
$$x = -10011 \qquad [x]_补 = 1I1101101.$$
$$x = +0.10011 \qquad [x]_补 = 0I.1001100$$
$$x = -0.10011 \qquad [x]_补 = 1I.0110100$$

对于补码，$[+0]_补 = 0I0000000.$，$[-0]_补 = 0I0000000.$，数值 0 有唯一的形式。对于所能表示数值的范围，补码比原码多 1 个负数$[-10000000]_补 = 1I1000000.$

3. 补码运算

对于加法运算，补码具有如下特点，可以简化运算。

(1) $[x + y]_补 = [x]_补 + [y]_补$，即二进制数的加法运算可以转换为补码的加法运算；

(2) 在补码的加法运算中，符号位直接参加运算。

事实上，在计算机中，二进制数的乘法可以用移位与加法实现，除法可以用移位与减法实现，减法可以用加法实现，而加法可以用补码加法简化运算，所以在计算机中只需加法器。

例 1-16 设字长为 8 位，采用定点表示，"I"分隔符号位与数值位，"."表示小数点位置。

① $1000001 + 100100 = (+1000001) + (+0100100)$

$$
\begin{array}{rr}
+1000001 & 0\,|\,1000001. \\
+\quad +100100 & +\quad 0\,|\,0100100. \\
\hline
+1100101 & 0\,|\,1100101. \\
真值 & 补码
\end{array}
$$

② $100100 - 1000001 = (+0100100) + (-1000001)$

$$
\begin{array}{rr}
-1000001 & 0\,|\,0100100. \\
-\quad +100100 & +\quad 1\,|\,0111111. \\
\hline
-11101 & 1\,|\,1100011. \\
真值 & 补码
\end{array}
$$

③ $-1000001 - 100001 = (-1000001) + (-0100001)$

$$
\begin{array}{r}
-1000001 \\
+\quad -100001 \\
\hline
-1100010
\end{array}
\qquad
\begin{array}{r}
1|0111111. \\
+\quad 1|1011111. \\
\hline
\underline{1}1|0011110.
\end{array}
$$

真值 　　　　　　补码

④ $1000001 + 1000001 = (+1000001) + (+1000001)$

$$
\begin{array}{r}
+1000001 \\
+\quad +1000001 \\
\hline
+10000010
\end{array}
\qquad
\begin{array}{r}
0|1000001. \\
+\quad 0|1000001. \\
\hline
1|0000010.
\end{array}
$$

真值 　　　　　　补码

在③的补码加法中，由于字长为 8 位，和的最高位 1 无法保存，自动丢弃，但是结果仍然是正确的，这是因为和仍然在字长 8 位所能表示数值的范围之内。

在④的补码加法中，和的补码的符号位为 1，这说明和的真值为负，但是两个正数的和应该为正，这说明④的补码加法出错，原因是字长不够，即和超出字长 8 位所能表示数值的范围，这种现象称为溢出。

⑤ $0.1010011 + 0.01001 = (+0.1010011) + (+0.0100100)$

$$
\begin{array}{r}
+0.1010011 \\
+\quad +0.01001 \\
\hline
+0.1110111
\end{array}
\qquad
\begin{array}{r}
0|.1010011 \\
+\quad 0|.0100100 \\
\hline
0|.1110111
\end{array}
$$

真值 　　　　　　补码

⑥ $0.110110 - 0.1111001 = (+0.1101100) + (-0.1111001)$

$$
\begin{array}{r}
-0.1111001 \\
-\quad +0.110110 \\
\hline
-0.0001101
\end{array}
\qquad
\begin{array}{r}
0|.1101100 \\
+\quad 1|.0000111 \\
\hline
1|.1110011
\end{array}
$$

真值 　　　　　　补码

⑦ $-0.1010011 - 0.01001 = (-0.1010011) + (-0.0100100)$

$$
\begin{array}{r}
-0.1010011 \\
+\quad -0.01001 \\
\hline
-0.1110111
\end{array}
\qquad
\begin{array}{r}
1|.0101101 \\
+\quad 1|.1011100 \\
\hline
\underline{1}1|.0001001
\end{array}
$$

真值 　　　　　　补码

1.2 编 码

字符、汉字、声音、图像、视频等非数值数据可采用编码转换为 1 和 0 的形式。这里介绍字符、汉字、图像编码。

1.2.1　字符编码

　　字符编码的方法是：如果编码长度为 n 位，则至多可以得到 2^n 个编码，至多可以区分 2^n 个字符；反之，如果为 m 个字符编码，则编码长度至少应为 lb$m$ 位。确定编码长度之后，为不同的字符指派不同的编码即可。例如，为 2 个字符编码时，编码长度至少为 1 位，0 表示一个字符，1 表示另一个字符；为 4 个字符编码时，编码长度至少为 2 位，00、01、10、11 分别表示 4 个不同的字符。

　　根据字符编码方法，可以有很多字符编码方案，但是为了方便计算机之间的相互通信，必须标准化字符编码。ASCII 码(美国标准信息交换代码)是一种最常用的字符编码标准，它采用的编码长度是 7 位，可以表示 2^7 即 128 个字符，包括英文字母、数字、标点符号共计 94 个普通字符以及 34 个控制字符，ASCII 码与字符的对应关系如表 1-3 所示。计算机的基本单位是字节，因此 1 个字符在计算机中采用 8 位存储。例如，字符 A 的 ASCII 码为 100 0001，在计算机中存储为 0100 0001；字符 0 的 ASCII 码为 011 0000，在计算机中存储为 0011 0000。要注意的是，十进制数 32 在计算机中可以表示为二进制数 00100000，称为二进制格式，也可以表示为 ASCII 码 00110011 00110010，称为文本格式。

表 1-3　ASCII 码与字符的对应关系

低 4 位＼高 3 位	000	001	010	011	100	101	110	111
0000	NUL	DEL	SP	0	@	P	`	p
0001	SOH	DC1	!	1	A	Q	a	q
0010	STX	DC2	"	2	B	R	b	r
0011	ETX	DC3	#	3	C	S	c	s
0100	EOT	DC4	$	4	D	T	d	t
0101	ENQ	NAK	%	5	E	U	e	u
0110	ACK	SYN	&	6	F	V	f	v
0111	BEL	ETB	'	7	G	W	g	w
1000	BS	CAN	(	8	H	X	h	x
1001	HT	EM	)	9	I	Y	i	y
1010	LF	SUB	*	:	J	Z	j	z
1011	VT	ESC	+	;	K	[	k	{
1100	FF	FS	,	<	L	\	l		
1101	CR	GS	−	=	M	]	m	}
1110	SO	RS	.	>	N	↑	n	~
1111	SI	US	/	?	O	↓	o	DEL

1.2.2　汉字编码

　　汉字编码的原理类似于字符编码，但是汉字较多，显然编码长度应更长。1980 年我国发布了汉字国标码 GB 2312—80(国家标准信息交换汉字编码)，它的编码长度是 2 个字节，每个字节的最高位为 0，实际采用每个字节的低 7 位，共计 14 位进行汉字编码，最多可编码 2^{14} 个汉字，实际表示最常用的 6763 个汉字和 682 个非汉字图形符号。在计算机中，字符 ASCII 码的字节最高位也为 0，为了区别汉字编码与 ASCII 码，将汉字国标码的每个字节最高位由 0 变为 1，称为汉字机内码。例如，"中"的汉字国标码为 $(5650)_H$ = (01010110 01010000)$_B$，汉字机内码为 $(D6D0)_H$ = (11010110 11010000)$_B$。

汉字编码除了 GB 2312—80 外，还有一些其它编码，例如 GBK、GB18030、UCS、Unicode 等，所以在查看汉字时，有时会出现乱码，主要原因就是使用了不同的汉字编码。

1.2.3　图像编码

表示图像的技术可以划分为位图技术与矢量技术。

图像的位图编码方法是：将图像分成若干行若干列，一个交叉点称为一个像素，整幅图像由若干像素构成，只要像素被编码了，整个图像也就被编码了。事实上，对像素编码就是对像素的颜色编码，方法类似于字符编码。当图像为黑白时，像素只有 2 种颜色，可以用 1 个位表示 1 个像素，用 1 表示黑色、0 表示白色。当图像为彩色图像时，如果用 2 个位表示 1 个像素，则可以表示 4 种颜色；如果用 8 个位(1 个字节)表示 1 个像素，则可以表示 2^8 种颜色。例如，RGB 编码，将每个像素表示为 3 种颜色成分，即红、绿、蓝，它们分别对应光线的三原色，每个颜色成分采用 1 个字节表示其亮度，共需 3 个字节，合成 2^{24} 种颜色。

位图技术的一个缺陷是图像放大后会呈现颗粒状，矢量技术提供了克服这种问题的方法。矢量技术采用一系列计算机指令描述构成一幅图像的所有直线、曲线等图元以及光照、材质等效果。当显示图像时，首先要解释这些计算机指令，然后根据解释结果显示图像。

习　题　一

1. 把以下二进制数转换为十进制数、八进制数、十六进制数，并写出转换过程。

(1) 10101010　　　(2) 10000001　　　(3) 0.10101010　　　(4) 110011.110011

2. 把以下十进制数转换为二进制数、八进制数、十六进制数，并写出转换过程(二进制小数最多取 8 位)。

(1) 2014　　　(2) 128　　　(3) 1024　　　(4) 0.65625　　　(5) 0.6

3. 设字长 16 位，写出以下二进制数的定点表示。

(1) 10101010　　　(2) −111000　　　(3) 0.1001　　　(4) −0.110011

4. 设浮点实数表示格式如图 1-6 所示，写出以下记阶表示二进制数的规范化浮点数。

(1) 0.1001×2^{11}　　　(2) -0.0011×2^{11}

5. 简述补码加法运算的特点。

6. 设字长为 8 位，利用补码加法运算计算以下二进制数运算。

(1) 1011101 + 1010　　　(2) 101101 − 10100　　　(3) 100001 − 111000

(4) −101010 − 1001100　　　(5) 0.001001 + 0.1010　　　(6) 0.001001 − 0.1010

(7) 0.1010 − 0.0101　　　(8) −0.1010 − 0.0101

第二章 计算机硬件组成与工作原理

计算机系统包括硬件和软件两部分，如图 2-1 所示。硬件指计算机装置，是计算机系统的"躯干"，包括必不可少的主机和可以根据需要增删的外部设备。软件是指程序、数据和相关文档的集合，是计算机系统的"大脑"，包括最基础、最核心、最重要的操作系统和运行于其上的支撑软件、应用软件。

计算机出现至今，其系统发展迅速，但是基本硬件组成与工作原理仍然是冯·诺依曼型计算机。冯·诺依曼型计算机具有如下特点：

(1) 包括中央处理器(运算器、控制器)、存储器(内存储器、外存储器)、输入设备、输出设备；

(2) 符号 0 和 1 表示数据；

(3) 存储程序：程序存储在内存储器中，中央处理器按照存储的程序有条不紊地执行。

根据冯·诺依曼型计算机的设计思想，计算机包括运算器、控制器、存储器、输入设备和输出设备。通常，运算器和控制器统称中央处理器，存储器分为内(主)存储器和外(辅助)存储器。中央处理器和内存储器称为主机，是必不可少的。输入设备、输出设备和外存储器称为外部设备，可以根据需要增删。主机与外部设备通过外部设备接口相连。计算机基本硬件组成如图 2-2 所示。

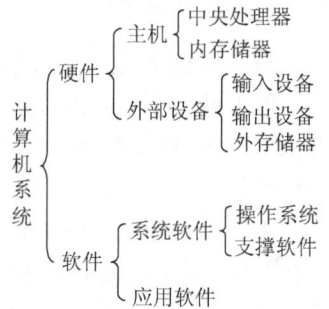

图 2-1 计算机系统组成

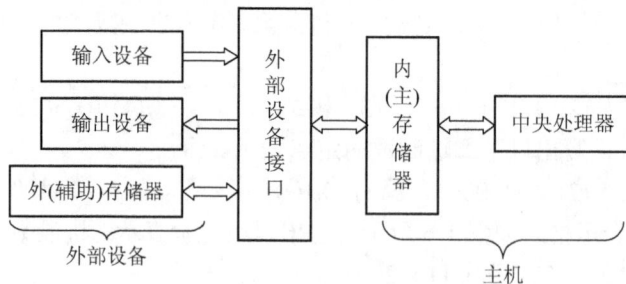

图 2-2 计算机基本硬件组成

数据(包括程序)通过外部设备接口，从输入设备或外存储器存入内存储器，进一步送入中央处理器处理。处理结果从中央处理器存入内存储器，进一步通过外部设备接口，送入输出设备输出或外存储器存储。可以看到，外存储器既是存储器，也是特殊的输入/输出设备。

本章首先介绍计算机数学与电路基础——逻辑代数与数字电路，以便理解计算机为何只能处理符号 1 和 0 以及如何处理和存储；然后介绍计算机各个硬件组成与工作原理。

2.1　逻　辑　代　数

逻辑代数在逻辑值集合{T(真)，F(假)}上，定义了三个基本逻辑运算：∧(逻辑与)、∨(逻辑或)、┐(逻辑非)，记为<{T，F}，∧，∨，┐>。其它逻辑运算都可以用这三个基本逻辑运算表达。逻辑与也称为逻辑乘、合取，使用符号·、AND、&&；逻辑或也称为逻辑加、析取，使用符号+、OR、‖；逻辑非也称为否定，使用符号￣、NOT、！。如表 2-1 所示，逻辑与的运算规则是：只有两个运算量的值同为真，运算结果的值才为真；逻辑或的运算规则是：只有两个运算量的值同为假，运算结果的值才为假；逻辑非的运算规则是运算结果是运算量的否定，如果运算量为真，则运算结果为假，如果运算量为假，则运算结果为真。

逻辑变量是取值只能为逻辑值的变量，逻辑表达式是由逻辑变量或逻辑变量与逻辑运算构成的。真值表是逻辑表达式的所有可能取值情况的罗列，如表 2-1 所示。

表 2-1　真　值　表

A	B	┐A	A∧B	A∨B
F	F	T	F	F
F	T	T	F	T
T	F	F	F	T
T	T	F	T	T

2.2　数　字　电　路

前面提到，计算机采用数字电路，数字电路的工作信号是数字信号，数字信号只有两个数字符号：1 和 0。事实上，1 和 0 只是电路的二值状态的表示，如果考虑电平的高和低，则可以用 1 和 0 表示。同理，逻辑值的真和假也可以用 1 和 0 表示，这与用 T 和 F 表示没有本质区别。总而言之，1 和 0 可以表示任何的二值状态，1 和 0 统一了电路状态与逻辑值，从而可以设计电路实现逻辑运算。

门电路就是实现逻辑运算的电路。如果一个电路有一个输入端和一个输出端，当输入端施加高电平(1)时，输出端就得到低电平(0)；而当输入端施加低电平(0)时，输出端就得到高电平(1)，则这个电路实现了逻辑非运算，即当输入真(1)时，输出假(0)；当输入假(0)时，输出真(1)，输出是输入的否定。

实现逻辑与、逻辑或、逻辑非运算的电路分别称为与门、或门、非门，它们的电路符号如图 2-3 所示。类似地，其它逻辑运算的门电路

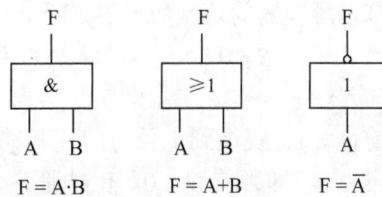

图 2-3　与门、或门、非门电路符号

可以用这三个基本门电路组合实现，当然，也可以重新设计实现。进一步，可以用门电路组合实现计算机的其它功能部件。下面将具体介绍非门以及用门电路组合实现的触发器。

2.2.1　非门

MOS 晶体管如图 2-4 所示，包括栅极(G)、漏极(D)、源极(S)。用 MOS 晶体管实现的非门如图 2-5 所示。MOS 晶体管是由 G 的电平高低控制 D、S 之间处于接通还是断开状态的电子开关，当 G 为高电平(1)时，D 与 S 之间导通(接通状态)；当 G 为低电平(0)时，D 与 S 之间截止(断开状态)。

图 2-5 所示的非门由两个 MOS 晶体管 V_1 和 V_2 构成，其中 V_2 是工作管(开关作用)，而 V_1 做 V_2 的负载管，并总是处于导通状态。A 是输入端，F 是输出端。当 A 输入 1(高电平)时，V_2 导通，F 输出 0(低电平)；当 A 输入 0(低电平)时，V_2 截止，F 输出 1(高电平)。

图 2-4　MOS 晶体管　　　　　图 2-5　用 MOS 晶体管实现的非门

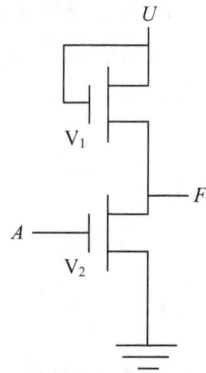

2.2.2　触发器

触发器是可以接收并保持所接收的 1 或 0 的电路，是内存储器的基本存储元件。基本触发器如图 2-6 所示，左边和右边是一个与门和一个非门构成的与非门，两个与非门的输出互相反馈到对方的输入，触发器的输入端是 R 和 S，输出端是 Q 和 $\overline{Q}$。在正常工作情况下，Q 和 $\overline{Q}$ 总是相反的，因此，约定 $Q=1$、$\overline{Q}=0$ 为触发器的 1 状态，$Q=0$、$\overline{Q}=1$ 为触发器的 0 状态。基本触发器的功能如表 2-2 所示。

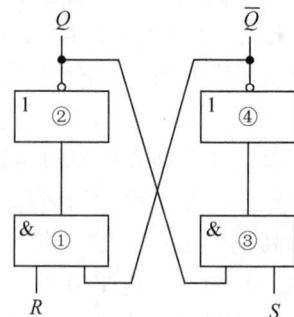

当 $R=1$、$S=0$ 时，不管前次 Q 和 $\overline{Q}$ 反馈什么，S 的 0 状态使 3 号与门输出为 0，4 号非门输出为 1，即当前 $\overline{Q}=1$，反馈到 1 号与门使其输出为 1，2 号非门输出为 0，即当前 $Q=0$。也就是说，不管以前触发器处于什么状态，当 $R=1$、$S=0$ 时，现在触发器被置于 0 状态，我们就称触发器接收了 0，如表 2-2 第 1 行所示。

图 2-6　基本触发器

表2-2　基本触发器功能表

R	S	前次 Q	前次 $\overline{Q}$	当前 Q	当前 $\overline{Q}$	状态
1	0	—	—	0	1	接收 0
0	1	—	—	1	0	接收 1
0	0	—	—	1	1	×
1	1	1	0	1	0	保持 1
1	1	0	1	0	1	保持 0
1	1	1	1	0	0	×
1	1	0	0	1	1	×

当 $R=0$、$S=1$ 时，不管前次 Q 和 $\overline{Q}$ 反馈什么，R 的 0 状态使 1 号与门输出为 0，2 号非门输出为 1，即当前 $Q=1$，反馈到 3 号与门使其输出为 1，4 号非门输出为 0，即当前 $\overline{Q}=0$。也就是说，不管以前触发器处于什么状态，当 $R=0$、$S=1$ 时，现在触发器被置于 1 状态，我们就称触发器接收了 1，如表 2-2 第 2 行所示。

当 $R=0$、$S=0$ 时，不管前次 Q 和 $\overline{Q}$ 反馈什么，R 和 S 的 0 状态使 1 号和 3 号与门输出为 0，2 号和 4 号非门输出为 1，即当前 $Q=1$，$\overline{Q}=1$，如表 2-2 第 3 行所示，这是非正常情况。

当 $R=1$、$S=1$ 时，如果前次 $Q=1$、$\overline{Q}=0$，则 1 号与门输出为 0，3 号与门输出为 1，2 号非门输出为 1，4 号非门输出为 0，即当前 $Q=1$、$\overline{Q}=0$，如表 2-2 第 4 行所示。也就是说，如果前次触发器处于 1 状态，当 $R=1$、$S=1$ 时，现在触发器仍然处于 1 状态，我们称触发器保持了 1。

当 $R=1$、$S=1$ 时，如果前次 $Q=0$、$\overline{Q}=1$，则 1 号与门输出为 1，3 号与门输出为 0，2 号非门输出为 0，4 号非门输出为 1，即当前 $Q=0$、$\overline{Q}=1$，如表 2-2 第 5 行所示。也就是说，如果以前触发器处于 0 状态，当 $R=1$、$S=1$ 时，现在触发器仍然处于 0 状态，我们称触发器保持了 0。

当 $R=1$、$S=1$ 时，如果前次 $Q=1$、$\overline{Q}=1$(虽然这是非正常情况，但是这是可能的，如表 2-2 第 3 行所示)，则 1 号和 3 号与门输出为 1，2 号和 4 号非门输出为 0，即当前 $Q=0$、$\overline{Q}=0$，如表 2-2 第 6 行所示；如果前次 $Q=0$、$\overline{Q}=0$(这也是可能的，如表 2-2 第 6 行所示)，则 1 号和 3 号与门输出为 0，2 号和 4 号非门输出为 1，即当前 $Q=1$、$\overline{Q}=1$，如表 2-2 第 7 行所示。也就是说，当 $R=1$、$S=1$ 时，如果 Q 和 $\overline{Q}$ 同为 1，则立刻同为 0，又立刻同为 1，如此重复，出现震荡，但是不会无限重复，最终会稳定在 1 状态或者 0 状态，但是事先不能确定是稳定在 1 状态还是 0 状态，输出不确定，这种现象称为竞争现象。究其原因是 $R=0$、$S=0$ 之后立刻使 $R=1$、$S=1$，因此，触发器应该控制 R 和 S 不能同为 0。

2.3　内 存 储 器

根据存取方式，内存储器(Memory，也称主存储器，简称内存、主存)可以分为随机存取存储器(Random Access Memory，RAM)和只读存储器(Read Only Memory，ROM)。通常所说的内存是指 RAM，它是内存的主体，是计算机的信息交流中心，它可以在指定位置(内存地址)存入(写入)或者取出(读出)数据。**RAM** 由类似触发器的存储元件组成,其存取速度快,但是只能临时存储数据,一旦断电,数据将消失。一般,**ROM** 是只读不写的存储器,它的数据在制造时写入并固化,即使断电也不消失。**ROM** 用于存储基本输入/输出系统(Basic Input Output System,BIOS)等计算机系统管理程序,以便引导计算机启动。在现代计算机中,为了匹配中央处理器的速度,在内存与中央处理器之间引入了高速缓冲存储器(Cache,简称高速缓存),它是高速 RAM,通过存储内存数据的副本,虚拟提高内存的存取速度,即当读内存时,先读高速缓存,如果数据在高速缓存中,则结束;否则再读内存,同时将相关数据也写入高速缓存,以便下次读取时数据尽可能在高速缓存中。这样,如果大部分数据都可以从高速缓存中读取,则内存的存取速度接近高速缓存的存取速度,但是,内存的存取速度并没真正提高,因此称为虚拟提高内存的存取速度。

内存基本组成如图 2-7 所示,包括存储体、地址电路、数据电路、读/写控制电路。

存储体由若干内存单元构成,每个内存单元由若干存储元件构成,每个存储元件是一个类似触发器的电子元件,可以存储 1 位符号 1 或者 0。存储体可以存储的数据量称为存储容量。每个内存单元有一个编号,称为内存地址。内存地址的编码长度与内存单元的个数相关。例如,在图 2-7 所示的存储体中,每个内存单元由 8 个存储元件构成,大小为 1 B(字节),存储体由 2^8 个内存单元构成,存储容量为 256 B,为了识别 2^8 个内存单元,内存地址的编码长度至少为 8 位,在图中即为 8 位。

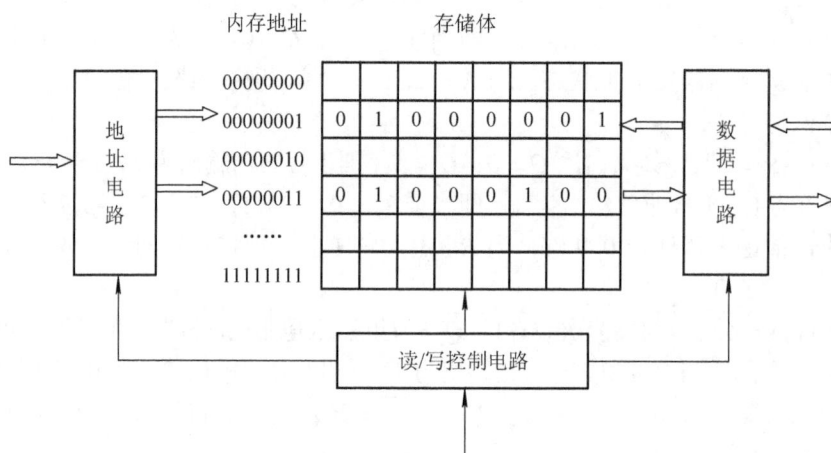

图 2-7　内存基本组成

内存基本操作通常称为访问包括读操作(取数据)和写操作(存数据)。读操作是从某个内存单元中取出某个数据,事实上,取数据是复制该数据。写操作是把某个数据存入某个内存单元中。内存的读写操作是在地址电路、数据电路、读/写控制电路的辅助下完成的。地址电路根据地址总线传送的内存地址,选定将要进行读/写操作的内存单元。读/写控制电路根据控制总线传送的控制信号,发出读操作信号或者写操作信号。当读操作时,数据电路根据读/写控制电路发出的读操作信号,从地址电路选定的内存单元中读出数据传送到数据总线;当写操作时,数据电路根据读/写控制电路发出的写操作信号,把数据总线传送的数据写入地址电路选定的内存单元中。在图 2-7 中,数据 *A* 写入内存地址为 00000001 的内存单元的过程是：内存地址 00000001 通过地址总线传送到地址电路，地址电路选定内存地址为 00000001 的内存单元；控制总线传送写操作信号到读/写控制电路，读/写控制电路发出写操作信号；数据 A 的 ASCII 码 01000001 通过数据总线传送到数据电路，数据电路在写操作信号下把数据 01000001 写入内存单元 00000001 中。内存地址为 00000011 的内存单元读出数据 D 的过程是：内存地址 00000011 通过地址总线传送到地址电路，地址电路选定内存地址为 00000011 的内存单元；控制总线传送读操作信号到读/写控制电路，读/写控制电路发出读操作信号；数据电路在读操作信号下从内存单元 00000011 中读出数据 D 的 ASCII 码 01000100，并传送到数据总线。

总线是指计算机各个部件之间传送信息的通路。根据信息的类型，总线可以分为数据总线、地址总线和控制总线，分别用于传送数据、地址、控制信号。

2.4 中央处理器

中央处理器是计算机的信息处理中心，在这里，计算机执行程序，即根据存储在内存储器中的程序，处理数据从而得到结果。简单地讲，程序是人们编写的计算机可以识别的如何处理问题的步骤集合。计算机又如何识别程序？事实上，任何复杂的程序都是由基本操作构成的，计算机只要识别了基本操作，就识别了程序。因此，计算机的首要任务就是归纳程序中可能出现的所有基本操作，并且编码表示这些基本操作。编码表示的计算机可以直接识别和处理的基本操作称为机器指令。计算机的机器指令集合称为指令系统。计算机执行程序的过程就是执行机器指令的过程。认识到程序可以像数据一样进行编码并存储在内存储器中，当处理不同的任务时，只需编写并执行相应任务的程序，这是一个突破性进展，这个思想称为存储程序，是冯·诺依曼型计算机的特点之一。下面，首先介绍指令系统，然后介绍中央处理器。

2.4.1 指令系统

不同计算机系统，归纳的基本操作可以不同，从而编码表示的机器指令也可以不同，即指令系统就可以不同。对于同一程序，如果两台计算机的执行结果相同，则称它们在机器指令级别兼容。事实上，一旦计算机精心归纳一些基本操作，实现了其基本能力，若再增加基本操作，则只能增加其便利性等能力，而不能增加其基本能力。因此，在设计指令系统时，导致了两个方向，一个是精简指令集计算机(Reduced Instruction Set Computer，RISC)，RISC 中只保留了最简单、最常用的指令，这样设计的计算机效率高且速度快；另一个是复杂指令集计算机(Complex Instruction Set Computer，CISC)，CISC 中一些可完成复杂任务的单个指令所能实现的任务，需要多个 RISC 指令才能实现，因此这样设计的计算机更容易编程。

不管是 RISC 还是 CISC，归纳和编码基本操作的基本方法都是类似的，即所有基本操作都包括功能信息和数据信息。功能信息告知计算机，要执行什么操作；数据信息告知计算机，操作的数据来自何处，操作的结果去向何处。当编码表示基本操作时，功能信息和数据信息分别编码，编码表示的功能信息称为操作码，编码表示的数据信息称为操作数，即机器指令包括操作码和操作数。

下面，通过一个例子介绍如何归纳基本操作，如何编码表示基本操作得到机器指令。

例 2-1　设两个加数分别存储于地址为 X 和 Y 的内存单元中，两个加数相加，将和存于地址为 Z 的内存单元中。

首先，从上述问题中归纳基本操作，给出两个方案。

1．方案一

方案一将整个问题直接作为基本操作，其功能信息是相加，数据信息是两个加数分别来自地址为 X 和 Y 的内存单元，和存于地址为 Z 的内存单元。当编码表示基本操作时，功能信息(操作码)的编码长度 l 由功能不同的基本操作的数目 m 决定，即 $l = \mathrm{lb}m$；数据信息(操作数)的编码可以直接使用内存地址。这样，可以如图 2-8 所示安排基本操作的各个信息。

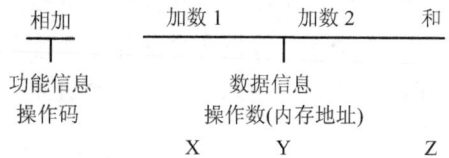

图 2-8　方案一的基本操作

在方案一中，如果内存地址的编码长度为 n，则操作数的编码长度为 $3n$，机器指令比较长。

2．方案二

方案二引入寄存器，将这个问题分解为更小的基本操作。寄存器是中央处理器中用于临时存储数据的部件。每个寄存器有一个编号，称为寄存器地址。方案二将这个问题分解为下列三个基本操作：

① 取数操作：从地址为 X 的内存单元中取出加数 1，存于地址为 A 的寄存器中；

② 加法操作：地址为 A 的寄存器中的加数 1 与地址为 Y 的内存单元中的加数 2 相加，和存于地址为 A 的寄存器中；

③ 存数操作：从地址为 A 的寄存器中取出和，存于地址为 Z 的内存单元中。

可以看到，取数操作和存数操作进行数据传输，真正进行两个加数相加的是加法操作。加法操作的功能信息是相加，数据信息是两个加数分别来自地址为 A 的寄存器和地址为 Y 的内存单元，和存于地址为 A 的寄存器中。当编码表示加法操作时，功能信息(操作码)的编码长度 l 由功能不同的基本操作的数目 m 决定，即 $l = \mathrm{lb}m$；数据信息(操作数)的编码可以直接使用寄存器地址和内存地址，而且加数 1 与和采用同一寄存器，只需表示一次。这样，可以如图 2-9 所示安排基本操作的各个信息。

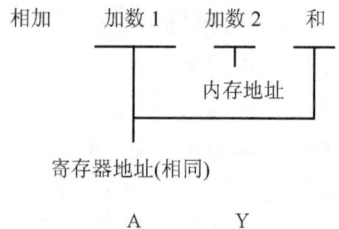

图 2-9　方案二的基本操作

在方案二中，如果内存地址的编码长度为 n，寄存器地址的编码长度为 r，则操作数的编码长度为 $n + r$。由于寄存器数量很少，一般为几个，远远少于内存单元数量，因此，r 小于 n，相对于方案一，方案二的机器指令比较短。

现在，采用方案二，编码表示基本操作得到机器指令。

假设功能不同的基本操作(机器指令)的数目为 16，寄存器的数目为 4，内存单元的数目为 1K，则操作码的编码长度至少为 4 位，寄存器地址至少为 2 位，内存地址至少为 10 位，机器指令长度至少为 16 位。如果机器指令采用 16 位，则机器指令格式如图 2-10 所示。

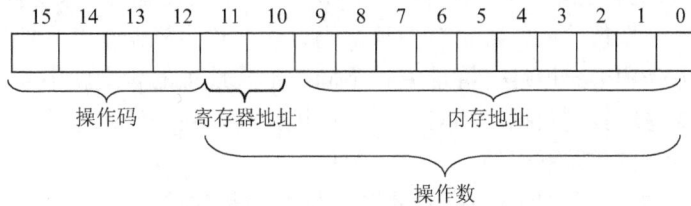

图 2-10 机器指令格式

部分机器指令的功能及为它们指派的操作码如表 2-3 所示。例如，操作码为 0001 的机器指令是取数操作，完成从内存单元中取出数据并存于寄存器中，但是从哪个内存单元中取出数据并存于哪个寄存器中是由机器指令的操作数指示的。

表 2-3 机器指令功能及操作码

功 能	操作码
结束操作(结束程序运行)	0000
取数操作(内存单元→寄存器)	0001
存数操作(寄存器→内存单元)	0010
加法操作(寄存器+内存单元→寄存器)	0011
…	…

如果内存地址 $X = 0010000000$，$Y = 0010000001$，$Z = 0010000010$，寄存器地址 $A = 00$，则根据上述设计的指令系统，可以编写两个加数相加的机器指令形式的程序如下：

0001 00 0010000000

0011 00 0010000001

0010 00 0010000010

0000 00 0000000000

例 2-1 仅仅介绍了设计指令系统的基本方法，真正指令系统的设计要比这个例子复杂。

根据机器指令功能，可将其分为四类：

(1) 数据处理类。例如，加、减、乘、除等算术运算，与、或、非等逻辑运算，左移、右移等移位运算等。

(2) 数据传送类。例如，中央处理器与内存之间的取数据、存数据操作，主机与外部设备之间的数据输入、数据输出操作等。

(3) 程序控制类。例如，无条件转移与条件转移等。

(4) CPU 状态管理类。例如，结束等。

根据机器指令格式，也可以将其分为四类(OP 代表操作码，X、Y、Z 代表内存地址，A 代表寄存器地址)：

(1) 三地址：有三个内存地址，指令格式为(OP, X, Y, Z)，可以完成(X)OP(Y)→Z 的操作。

(2) 二地址：有两个内存地址，指令格式为(OP, X, Y)，可以完成(X)OP(Y)→X 的操作。

(3) 单地址：有一个内存地址，指令格式为(OP, A , X)，可以完成(A)OP(X)→A 的操作。

(4) 零地址：没有内存地址，指令格式为(OP)，可以完成诸如结束等操作。

此外，真正指令系统的操作数也有多种编码方法，称为机器指令寻址方法。这样，操作数又包括寻址方式和形式地址。寻址方式不同，形式地址的含义就不同，即寻址方式指示了如何根据形式地址找到数据。相对于形式地址，存储数据的内存单元的地址称为有效地址。寻址方式主要包括以下五种：

(1) 立即寻址方式：形式地址的数值不是地址，而是数据。

(2) 直接寻址方式：形式地址的数值是数据的有效地址，即根据形式地址可找到一个内存单元，这个内存单元中存储了数据。

(3) 间接寻址方式：形式地址的数值是数据的有效地址的地址，即根据形式地址找到一个内存单元，这个内存单元中存储了数据的有效地址，再根据该有效地址找到另一个内存单元，这个内存单元中存储了数据。

(4) 相对寻址方式：程序计数器的数值与形式地址的数值的和是数据的有效地址，即根据程序计数器的数值与形式地址的数值计算数据的有效地址，再根据有效地址找到一个内存单元，这个内存单元中存储了数据。这种方式主要用于转移指令。

(5) 变址寻址方式：变址寄存器的数值与形式地址的数值的和是数据的有效地址，即根据变址寄存器的数值与形式地址的数值计算数据的有效地址，再根据有效地址找到一个内存单元，这个内存单元中存储了数据。这种方式可以扩大寻址范围。

程序计数器和变址寄存器是中央处理器中用于存储内存地址的寄存器，程序计数器用于存储指令地址，而变址寄存器用于存储数据地址。

2.4.2　中央处理器

中央处理器(Central Processing Unit，CPU)可有条不紊地执行存储在内存中的机器指令形式的程序，完成信息处理，其执行过程如图 2-11 所示。当用户发出运行某程序的命令后，CPU 开始执行程序，先从内存中取出第一条指令进行分析并执行，再从内存中取出下一条指令进行分析并执行，这样重复，直至遇到结束指令，CPU 结束程序运行。

图 2-11　CPU 执行过程

CPU 的基本组成如图 2-12 所示，主要包括运算器和控制器。

运算器用于完成算术运算和逻辑运算，主要包括算术逻辑单元和通用寄存器。数据从内存取出后送至通用寄存器或者算术逻辑单元进行算术运算或者逻辑运算，结果存于通用寄存器后送至内存。

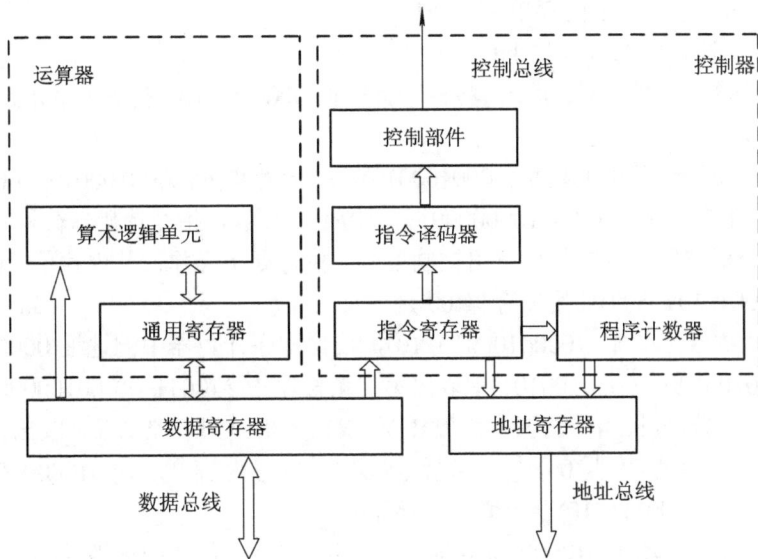

图 2-12　CPU 的基本组成

　　控制器用于控制计算机工作，主要包括程序计数器、指令寄存器、指令译码器和控制部件。程序计数器存储和计算下一条指令的内存地址。程序第一条指令的内存地址称为程序首地址。首先，运行程序命令将程序首地址赋予程序计数器，根据程序首地址就可以取出第一条指令。当指令取出后，程序计数器自动加 1 计算得到下一条指令的内存地址。如果程序顺序执行，则根据这个地址就可以取出下一条指令；如果程序非顺序执行，则转移指令会将转移地址重新赋予程序计数器，从而可以根据新地址取出下一条指令。需要强调，程序计数器的自动加 1 不是加数值 1，而是加一条机器指令长度，例如，如果一条指令长度为一个内存单元，则加 1 就是加数值$(1)_2$；如果一条指令长度为两个内存单元，则加 1 就是加数值$(10)_2$。指令从内存取出后送至指令寄存器，完成取指令；指令译码器分析指令的操作码，完成分析指令；根据分析结果，控制部件发出控制信号，完成执行指令。在执行指令中，如果从内存取数据，则指令的操作数指示了数据的内存地址。

　　数据寄存器用于暂时存放从内存读出的指令或数据以及向内存写入的数据。若是从内存读出的指令，则送至指令寄存器；若是数据，则送至通用寄存器或者算术逻辑单元。

　　地址寄存器用于暂时存放即将访问的指令或数据在内存中的地址，根据这个内存地址，可以从相应内存单元中取出指令或数据。

　　例 2-2　程序和数据在内存中的存储如图 2-13 所示。一条指令长度是两个内存单元，为了表示方便，一条指令写成一行，

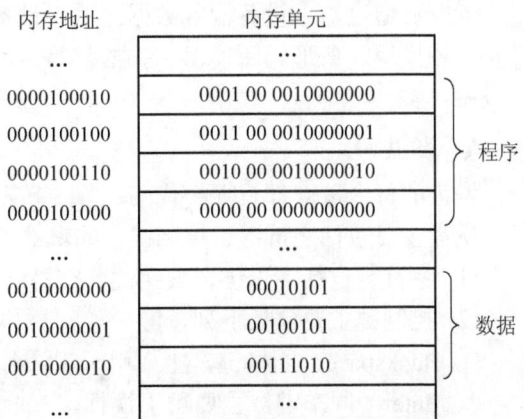

内存地址	内存单元	
...	...	
0000100010	0001 00 0010000000	⎫
0000100100	0011 00 0010000001	⎬ 程序
0000100110	0010 00 0010000010	
0000101000	0000 00 0000000000	⎭
...	...	
0010000000	00010101	⎫
0010000001	00100101	⎬ 数据
0010000010	00111010	⎭
...	...	

图 2-13　程序和数据的内存存储

每条指令仅仅标出了第一个内存单元的地址。

CPU 执行上述程序的过程如下：

用户发出运行上述程序的命令，将程序首地址(0000100010)赋予程序计数器，则 CPU 开始执行程序。

① 根据程序计数器中的地址(0000100010)，从内存单元(0000100010、0000100011)中取出第一条机器指令(0001 00 0010000000)赋予指令寄存器，指令译码器分析指令的操作码(0001)。根据分析结果，控制部件发出控制信号，执行如下操作：从内存单元(0010000000)中取出数据(00010101)赋予通用寄存器(00)。

② 程序计数器自动加 1(0000100010+10)，根据程序计数器中的地址(0000100100)，从内存单元(0000100100、0000100101)中取出第二条机器指令(0011 00 0010000001)赋予指令寄存器，指令译码器分析指令的操作码(0011)。根据分析结果，控制部件发出控制信号，执行如下操作：通用寄存器(00)中的数据(00010101)与内存单元(0010000001)中的数据(00100101)相加，和(00111010)存于通用寄存器(00)中。

③ 程序计数器自动加 1(0000100100+10)，根据程序计数器中的地址(0000100110)，从内存单元(0000100110、0000100111)中取出第三条机器指令(0010 00 0010000010)赋予指令寄存器，指令译码器分析指令操作码(0010)。根据分析结果，控制部件发出控制信号，执行如下操作：从通用寄存器(00)中取出数据(00111010)赋予内存单元(0010000010)中。

④ 程序计数器自动加 1(0000100110+10)，根据程序计数器中的地址(0000101000)，从内存单元(0000101000、0000101001)中取出第四条机器指令(0000 00 0000000000)赋予指令寄存器，指令译码器分析指令的操作码(0000)。根据分析结果，控制部件发出控制信号，执行如下操作：CPU 结束程序运行。

2.5　外部设备

2.5.1　输入设备

计算机通过输入设备输入数据。输入设备种类很多，例如，键盘、鼠标、麦克风、摄像头、触摸屏、条形码阅读器、扫描仪等，可以根据需要选择配置。键盘和鼠标是基本输入设备。

1. 键盘

键盘的每个按键都有唯一代码，当按下某个按键时，它的代码将产生并发送到计算机。键盘主要包括字符键、控制键、编辑键、功能键和小键盘。

(1) 字符键包括字母键、数字键、空格键、符号键，主要用于输入字符。

(2) 控制键主要包括下列按键：

① Backspace：回格键，主要用于删除前一字符。

② Enter：回车键，主要用于换行。

③ Shift：上档键，主要用于输入某一按键的上排字符或者切换大写/小写字母。

④ Caps Lock：大写锁定键，主要用于锁定大写字母。

⑤ Ctrl：控制键，主要用于配合其它按键，发出命令，例如 Ctrl+C(复制)、Ctrl+X(剪切)、Ctrl+V(粘贴)、Ctrl+Z(撤消)、Ctrl+S(保存)、Ctrl+A(全选)。

⑥ Alt：换挡键，主要用于配合其它按键，发出命令，例如 Alt+F4(关闭当前窗口)、Ctrl+Alt+Delete(打开任务管理器或者中止当前程序)。

⑦ Esc：退出键，主要用于退出某个状态。

⑧ Tab：制表键，主要用于右移光标至下一跳格位置。

(3) 编辑键主要包括下列按键：

① Insert：插入键，主要用于切换插入/替换模式，如果是插入模式，则插入输入字符；如果是替换模式，则输入字符替换后一字符。

② Delete：删除键，主要用于删除后一字符。

③ Home：起始键，主要用于移动光标至行首。

④ End：结束键，主要用于移动光标至行尾。

⑤ Page Up：上页，主要用于向上翻页。

⑥ Page Dn：下页，主要用于向下翻页。

⑦ 光标移动键：主要用于向上、下、左、右移动光标。

(4) 功能键包括 F1～F12，主要用于发出命令，例如，F1 为打开帮助键。

(5) 小键盘的按键都是重复设置的，主要用于快速输入数字，其中，Num Lock 用于锁定数字。

当使用键盘时，左手食指的起始位置是 F 键，右手食指的起始位置是 J 键，其它手指(除拇指外)的起始位置依次摆放。每个手指都有管辖的按键，例如，左手食指管辖的字母键有 F、G、R、T、V、B。

2. 鼠标

根据工作原理，鼠标可以分为机械鼠标和光电鼠标两种。机械鼠标的底部装有一个小球，通过它的滚动可计算鼠标的位移方向和位移量，并传递给计算机；光电鼠标的底部安装有红外线发射与接收装置，发射的光经放射被接收，并转换为位移信号传递给计算机。

区别于有线鼠标，无线鼠标以红外线进行遥控，遥控距离一般在 5 米以内，通常需要安装一个信号收发装置(可以是软件也可以是硬件)。

此外，作为鼠标的变体的轨迹板，又称触摸板，通过手指在其上移动定位鼠标。笔记本电脑中通常都内嵌了轨迹板。

鼠标主要用于定位对象和发出命令。移动鼠标可以定位对象；单击左键可以选定或者打开对象；双击左键可以打开对象；单击右键可以打开快捷菜单；滚动滚轮可以翻页；按下左键并移动鼠标可以选定多个对象或者移动对象或者复制对象。

鼠标和键盘可以配合使用，用于发出命令，例如，配合 Shift 键，可以选择多个连续对象或者移动对象；配合 Ctrl 键，可以选择多个不连续对象或者复制对象。

2.5.2　输出设备

计算机通过输出设备输出数据。输出设备种类也很多，例如，显示器、音箱(耳机)、投影仪、打印机、绘图仪等，也可以根据需要选择配置。显示器是基本输出设备。

显示器的主要技术指标包括分辨率、颜色质量、刷新频率。

(1) 分辨率：分辨率指整个屏幕可以显示的像素的数量，表示为每行的像素个数×每列的像素个数，例如，800×600、1024×768。分辨率越高，图像越清晰。

(2) 颜色质量：颜色质量指每个像素的颜色数量，表示为颜色编码长度，例如，16位、32位等。颜色质量越高，图像越鲜艳。

(3) 刷新频率：刷新频率指每秒刷新的次数，例如，60 Hz、75 Hz 等。刷新频率越高，图像越稳定。

2.5.3　外存储器

外存储器本质上是存储设备，用于长期存储大量数据，计算机可以在其上输出(写、存)数据，也可以从其上输入(读、取)数据，因此，外存储器也是特殊的输入/输出设备。外存储器种类也很多，例如，硬盘、光盘、移动硬盘、U盘等。硬盘是基本外存储器。

硬盘是在铝合金圆盘上涂磁性材料，利用磁性材料的两个极性分别表示 1 和 0，从而进行数据存储。一个硬盘由许多盘片组成，称为盘组，硬盘的基本组成如图 2-14 所示。除了最上面和最下面的盘片只有一个盘面存储数据外，每个盘片都有两个盘面存储数据。两个盘片之间有一个读/写磁头，用于读/写上下两个盘面。如图 2-15 所示，每个盘面划分成若干同心圆，称为磁道。每条磁道划分成若干圆弧，称为扇区。每个扇区存储若干字节的数据。

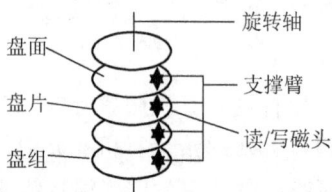

图 2-14　硬盘基本组成　　　　　图 2-15　盘面基本组成

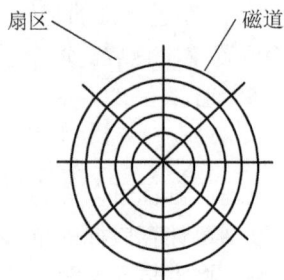

硬盘通过硬盘地址定位数据。硬盘地址包括磁道号(所有盘面的同一磁道形成柱面，也称柱面号)、扇区号、盘面号、数据块长度(也称簇数)。根据磁道号，支撑臂带动读/写磁头移动，定位磁道；根据扇区号，旋转轴带动盘组旋转，定位扇区；根据盘面号，定位读/写磁头；根据数据块长度，定位读/写终止位置。

硬盘容量由盘组的盘面数量、磁道数量、扇区数量、扇区容量决定，即硬盘容量=盘面数量×磁道数量×扇区数量×扇区容量。

习　题　二

1. 简述冯·诺依曼型计算机的特点。
2. 简述计算机基本硬件组成。

3. 设内存单元为 1B，内存容量为 4 GB，计算内存地址的编码长度。

4. 简述机器指令及其组成。

5. 设指令格式如图 2-16 所示，机器指令如表 2-4 所示。

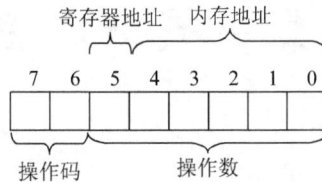

图 2-16 指令格式

表 2-4 机 器 指 令

功　　能	操作码
结束操作(结束程序运行)	00
取数操作(内存单元→寄存器)	01
加法操作(寄存器+内存单元→寄存器)	10
存数操作(寄存器→内存单元)	11

(1) 计算不同功能的机器指令数目、寄存器数目、内存单元数目。

(2) 设两个加数分别存于地址为 00010 和 00011 的内存单元中，和将存于地址为 00100 的内存单元中，采用地址为 1 的寄存器，写出两个加数相加的机器指令形式的程序。

6. 简述程序计数器的作用。

7. 简述内存与外存的区别。

第三章　操作系统

操作系统(Operating System，OS)位于硬件与其它软件之间，其位置如图 3-1 所示。操作系统屏蔽了下层的硬件细节，扩充了硬件功能，为上层的软件或用户提供了服务，其它软件运行在其上，用户通过它使用计算机。操作系统的位置决定了它的地位，它是计算机系统中最基础、最核心、最重要的系统软件。

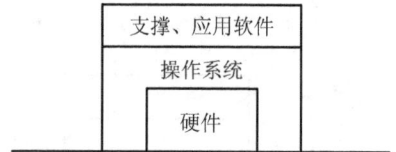

图 3-1　操作系统的位置

目前，操作系统尚无标准定义，一种公认的解释是：操作系统是计算机系统中的一个系统软件，它是这样一些程序模块的集合——它们管理和控制计算机系统中的硬件及软件资源，合理地组织计算机工作流程(资源管理)，以便有效地利用这些资源为用户提供一个功能强、使用方便的工作环境，从而在计算机与其用户之间起到接口作用(用户接口)。

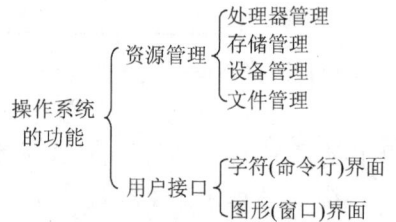

操作系统的功能包括资源管理和用户接口两个层面，如图 3-2 所示。

图 3-2　操作系统的功能

资源管理层面为操作系统的内核，主要包括处理器管理、存储管理、设备管理、文件管理。处理器管理、存储管理和设备管理属于硬件管理，分别管理中央处理器、内存储器和外部设备；文件管理属于软件管理，软件是以文件的形式存于计算机中的。本章将着重介绍操作系统的资源管理功能。

用户接口层面为操作系统的外壳(Shell)，主要包括字符界面和图形界面。字符界面，也称命令行界面，这种方式下用户通过输入命令使用计算机，要求用户熟悉命令及其参数。例如，在 MS DOS 下，可以通过输入 cd.. 返回上一层目录，其中，cd 是命令名，.. 是命令参数。图形界面，也称窗口界面，是目前广泛使用的界面，其特点是所见即所得。命令以图标、菜单等图形方式呈现，用户通过点击鼠标操作计算机。例如，在 MS Windows 7 下，可以通过双击"我的电脑"打开系统文件夹"我的电脑"。一般情况下，操作系统同时提供两种界面，不管是哪种 Shell，其内核都是相同的。

操作系统发展至今，种类繁多。从功能角度来分，可分为批处理操作系统、分时操作系统、实时操作系统、网络操作系统、分布式操作系统、嵌入式操作系统等。从产品角度来分，有 Windows、Linux、UNIX 等。

3.1 处理器管理

3.1.1 程序的并发执行

处理器管理的任务是当多道程序并发执行时，合理、自动地分配 CPU 给各道程序，以提高 CPU 的利用率。

所谓程序的并发执行是指一组在逻辑上互相独立的程序，在执行过程中，其执行时间在客观上互相重叠，即一个程序的执行尚未结束，另一程序的执行已经开始的执行方式。

与此对应的是程序的顺序执行和并行执行。程序的顺序执行是指一个程序执行结束之后才开始执行下一个程序的执行方式。程序的并行执行是指在多 CPU 系统中，多道程序同时执行的执行方式。因此，程序的并发执行不同于并行执行，程序的并发执行是宏观上的，程序"同时"执行，微观上，程序"交替"执行。那么，程序如何并发执行以提高 CPU 的利用率？

设有三道程序 A、B、C，每道程序分成输入、处理、输出三个程序段。例如，程序 A 分成输入程序段 A_I、处理程序段 A_C、输出程序段 A_O。如果这三道程序顺序执行，则当执行输入程序段时，CPU 和输出设备空闲；当执行处理程序段时，输入设备和输出设备空闲；当执行输出程序段时，输入设备和 CPU 空闲，这样，CPU 及其它系统资源利用率低下。这三道程序可以如图 3-3 所示地并发执行，这样，在虚线表示的某个时间段上，A_O 占用

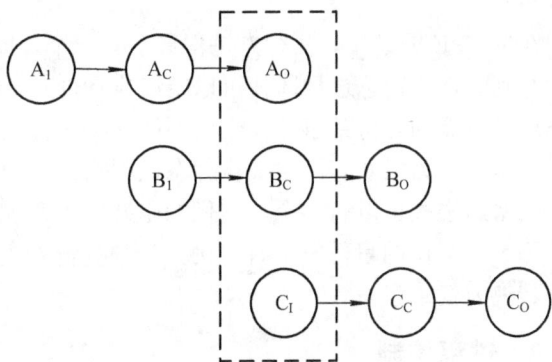

图 3-3　程序的并发执行

输出设备、B_C 占用 CPU、C_I 占用输入设备，各个系统资源都充分利用。

3.1.2 进程

当多道程序并发执行时，程序可能"走走停停"，为了更好地控制并发执行的程序，引入了进程。

进程是指程序对给定数据集，在处理器上的一次执行过程。进程与程序既相关又不相同，进程包括程序、数据和进程控制块；进程与程序不是一一对应的，一个程序可以创建多个进程，一个进程也可以由多个程序创建；进程具有动态性、生命期，因创建而产生、因调度而执行、因得不到资源而暂停执行、因撤消而消亡，程序只是静态指令集合。

传统进程是资源分配的基本单位，也是调度执行的基本单位。当进程切换时，系统开销较大，所以系统中的进程不能太多，切换也不能过于频繁，这就限制了并发程度，于是引入线程，线程是进程的一个实体。引入线程之后，进程继续作为资源分配的基本单位，而线程作为新的调度执行的基本单位。一个进程的多个线程可以并发执行，并且切换时的

系统开销较小，从而提高了并发程度。

在进程生命周期内，根据资源分配或者调度执行情况，进程可以在就绪态、执行态、阻塞态三个基本状态之间转换，如图3-4所示。

(1) 就绪态：进程已经获得除 CPU 之外的其它所需资源，一旦获得 CPU 即可运行，并等待分配 CPU 的状态。

(2) 执行态：进程占有 CPU 并在 CPU 上执行的状态。

(3) 阻塞态：进程尚未获得除 CPU 之外的其它所需资源，即使获得 CPU 也无法运行，等待分配其它资源的状态。

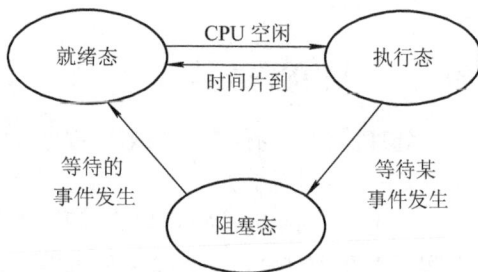

图 3-4　进程基本状态及其转换

进程创建之后处于就绪态。就绪态进程可以有多个，它们排成一个就绪队列。当 CPU 空闲时，按照进程调度策略从就绪队列中选择一个进程分配 CPU，该进程从就绪态转换为执行态。

在单 CPU 系统中，执行态进程最多有一个。执行态进程有执行时限，称为时间片。当时间片到时，执行态进程即使可以继续执行也必须释放 CPU，从执行态转换为就绪态。执行态进程可能因等待某事件发生而不能继续执行，例如，进程等待输入数据，必须释放 CPU，从执行态转换为阻塞态。如果执行态进程执行完毕，则撤消该进程。

阻塞态进程可以有多个，它们的阻塞原因可能相同也可能不同，它们按照阻塞原因排成队列。当等待的事件发生时，例如，数据输入完毕，唤醒等待该事件的进程，进程从阻塞态转换为就绪态。

3.1.3　进程控制

因共享与竞争资源，进程之间将产生相互制约关系，主要表现为进程互斥和进程同步。

1. 进程互斥

进程互斥是指一组并发进程在同一时刻要求同一临界资源而相互排斥。所谓临界资源是指一次只能供一个进程使用的资源。例如，打印机就是临界资源，当多个进程在同一时刻要求使用打印机时，只有一个进程获得打印机，其它进程只能阻塞，当该进程使用完毕释放打印机时，唤醒阻塞的某个进程获得打印机。

2. 进程同步

进程同步是指一组并发进程为共同完成一个任务而相互合作。例如，写进程向缓冲区写数据，读进程从缓冲区读数据，相互合作完成数据传递，只有写进程写数据后，读进程才能读数据；反之，只有读进程读数据后，写进程也才能继续写数据。

事实上，进程互斥和进程同步经常同时出现。例如，上述的读/写进程既有同步关系也有互斥关系，当写进程写数据时，读进程不能访问缓冲区；反之，当读进程读数据时，写进程也不能访问缓冲区，读/写进程排斥地使用缓冲区。

如果不对并发进程所需资源的动态分配加以控制，则可能出现死锁。

所谓死锁是指一组并发进程彼此互相等待对方所拥有的资源，且这组并发进程在得到对方所拥有的资源之前不会释放自己所拥有的资源，从而造成各并发进程想得到资源又得不到而不能继续向前推进的状态。

为了解决死锁，系统可以破坏死锁产生的必要条件，尽可能地预防与避免死锁，系统也可以建立检测和解除死锁的机制，即当检测到死锁发生时，采用资源剥夺或进程撤销解除死锁。

3.2 存 储 管 理

3.2.1 存储管理方案

存储管理是指内存储器的管理，管理任务包括内存的分配、回收、保护及扩充。管理方案有分区存储管理、分页存储管理、虚拟存储管理、段式存储管理和段页式存储管理等。

1．分区存储管理

分区存储管理是早期的存储管理方案，其基本思想是：把内存的用户区划分成若干区域，每个区域分配给一个用户程序使用，并限定它们只能在自己的区域中运行。区域的划分方法有固定分区、可变分区和可重定位分区等。固定分区是系统事先划分好区域，每个区域的大小可不等。这种方法内存分配不灵活，可能导致大量内存碎片，降低内存利用率。可变分区是在装入用户程序时进行区域划分，每个区域的大小刚好等于用户程序的大小。这种方法增加了内存分配的灵活性，也提高了内存利用率，但是随着内存不断地分配与回收，同样可能形成大量内存碎片。可重定位分区是解决内存碎片简单而有效的方法，它通过移动所有已经分配的区域，使得已用区域和空闲区域都成为连续区域。这种方法的系统代价较高，而且由于地址发生变化，需要解决地址重定位问题。

分区存储管理要求程序装入连续的内存区域中，如果不能满足这个要求，就需要以移动区域使之连续为代价。为此，引入分页存储管理。

2．分页存储管理

分页存储管理的基本思想是：把内存空间(实际内存的存储空间)分成若干个大小相等的块。物理地址(内存地址)包括块号和块内地址，把虚拟空间(程序需要的存储空间)分成若干个大小与块相等的页；逻辑地址(虚拟空间的地址，也称为虚拟地址)包括页号和页内地址。内存分配和回收以块为单位，一个块存储一个页，逻辑上连续的页可以存储在物理上不连续的块中，采用页表存储块和页的映射关系即每个页的页号、块号等信息。当访问某个逻辑单元(虚拟空间的单元)时，应先根据逻辑地址计算该单元的页号和页内地址，然后查页表，得到该单元在内存中的块号和块内地址(等于页内地址)，再计算该单元的物理地址，最后根据物理地址访问相应内存单元。这种方法不仅减少了内存碎片，提高了内存利用率，而且用户程序不需装入连续的内存区域，增加了系统灵活性。

上述存储管理方案，不论是分区存储管理还是分页存储管理，都要求程序整个装入内存，如果不能满足这个要求，程序就无法运行。为此，目前的存储管理采用虚拟存储管理技术，它可以提供比实际内存大得多的虚拟内存，保证多道程序的并发执行。

3. 虚拟存储管理

虚拟存储管理技术的基本思想是：当程序运行时，不是将程序一次性全部从外存装入内存，而是先装入将要执行的部分，再逐步调入需要的部分，调出不要的部分。这样，程序大小不受内存容量的限制，都可以调入内存运行。虚拟存储管理技术主要有请求页式管理、请求段式管理、请求段页式管理等。下面重点介绍请求页式管理技术。

3.2.2　请求页式管理

请求页式管理是在分页存储管理的基础上，增加了请求调页和页面置换而形成的虚拟存储管理技术。

请求页式管理的基本思想是：把内存空间分成若干个大小相等的块，物理地址包括块号和块内地址，把虚拟空间分成若干个大小与块相等的页，逻辑地址包括页号和页内地址。内存分配和回收以块为单位，一个块存储一个页，逻辑上连续的页可以存储在物理上不连续的块中，采用页表存储块和页的映射关系即每个页的页号、块号、中断位(作为是否装入内存的标志)等信息。当程序运行时，先装入将要执行的页到块中，并设置页表；当访问某个逻辑单元时，先根据逻辑地址计算该单元的页号和页内地址，然后查页表，通过中断位判断该页是否在内存中：如果在内存，得到该单元在内存中的块号和块内地址，再计算该单元的物理地址，最后根据物理地址访问相应内存单元；否则发生缺页中断，则需要请求调页，即分配一个块，将该页调入内存，并修改页表，之后按在内存的方式处理，即根据该单元在内存中的块号和块内地址计算该单元的物理地址，根据物理地址访问相应的内存单元。当请求调页时，如果内存没有空闲块，就需要根据一定的算法进行页面置换，即调出不需要的页，再调入需要的页，同时修改页表。若页面置换算法选择不当，则可能造成抖动现象，即刚被换出的页又被访问，需要重新调入，从而导致系统频繁置换页面。常用的页面置换算法有最佳置换算法、先进先出置换算法、最近最少未使用置换算法以及最近未用置换算法。

例 3-1　设内存空间大小为 256 MB，块大小为 4 KB，则共有 64 K 个块；虚拟空间大小为 1 MB，则共有 256 个页。设页表如表 3-1 所示，内存分配如图 3-5 所示。

当访问逻辑地址为 6000 的单元时，因为 $1 \times 4096 + 1904 = 6000$，所以该单元的页号为 1，页内地址为 1904。通过页表得知该页在内存中，因为相应单元的块号为 3，块内地址为 1904，则 $3 \times 4096 + 1904 = 14192$，所以相应单元的物理地址为 14192。

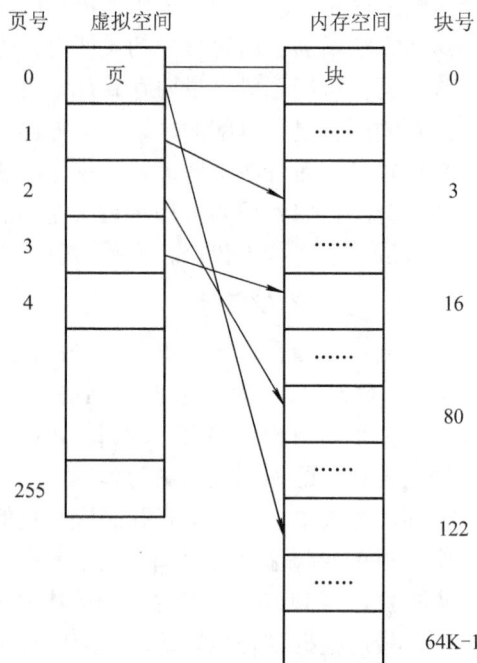

图 3-5　内存分配

表 3-1　页　　表

页号	块号	中断位
0	122	1
1	3	1
2	80	1
3	16	1
4		0
...		

当访问逻辑地址为 19000 的单元时，因为 $4 \times 4096 + 2616 = 19000$，所以该单元的页号为 4，页内地址为 2616。通过页表得知该页不在内存中，则发生缺页中断。

引入高速缓存的目的是虚拟提高内存的存取速度，现在，引入虚拟存储管理技术的目的是虚拟提高内存的存储容量。这两种技术的成功基于局部性原理，包括时间局部性和空间局部性。时间局部性是指最近被访问的单元很可能在不久的将来还要被访问，产生时间局部性的典型原因是程序中存在大量循环操作；空间局部性是指最近被访问的单元很可能其附近的单元也即将被访问，产生空间局部性的典型原因是程序的顺序执行。局部性原理保证大部分数据可以事先调入高速缓存或者内存，不会频繁发生数据不在高速缓存或者内存的情况。

3.3　设　备　管　理

设备管理是操作系统中最繁杂的部分，不仅要管理数据输入/输出的外部设备，还要管理设备控制器、中断控制器、DMA 控制器等支持设备。管理任务包括设备分配和释放、缓冲器管理、设备操作以及用户接口等，以便提高设备利用率和提供方便统一的用户界面。

设备的速度比 CPU 的速度慢，而且各种设备的速度也不一致，为了提高资源利用率与系统性能，设备管理方式有程序查询方式、中断控制方式、直接存储器存取方式(DMA 方式)及输入/输出处理机方式等。

3.3.1　程序查询方式

程序查询方式如图 3-6 所示。CPU 在运行主程序的过程中，如果需要设备进行数据输入输出，就会启动设备。在设备准备期间，CPU 处于查询等待状态，即 CPU 不停地主动查询设备就绪与否，直至设备就绪，从而进行数据交换，数据输入/输出结束，CPU 继续运行主程序。

在这种设备管理方式下，CPU 利用率低下，因为在设备准备期间，CPU 处于查询等待状态。

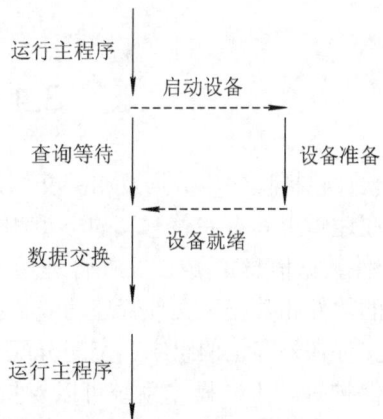

图 3-6　程序查询方式

3.3.2　中断控制方式

中断是指计算机在运行程序过程中，当遇到需要紧急处理的事件时，暂停运行当前程序，转去运行处理紧急事件的程序(中断服务程序)，当处理紧急事件的程序运行结束后，再继续运行暂停的程序。中断控制方式包括中断请求与中断响应两类。中断请求是中断源向 CPU 发出的请求中断信号；中断响应是 CPU 收到中断请求后，暂停运行当前程序，转去运行中断服务程序的过程。

中断控制方式如图 3-7 所示。CPU 在运行主程序的过程中，如果需要设备进行数据输入/输出，就会启动设备。在设备准备期间，CPU 继续运行主程序，设备就绪后向 CPU 发出中断请求，CPU 收到中断请求后判断是否进行中断响应，如果响应，CPU 暂停运行主程序，转去运行中断服务程序，进行数据交换，数据输入/输出结束，CPU 返回继续运行主程序。

与程序查询方式相比，中断控制方式提高了 CPU 利用率，因为在设备准备期间，CPU 可以继续运行主程序而无需等待。

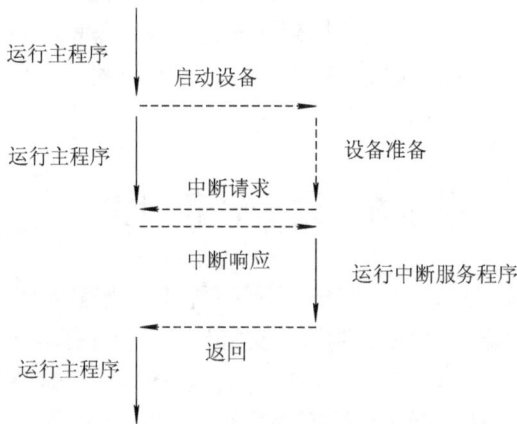

图 3-7　中断控制方式

3.4　文 件 管 理

软件包括程序、数据及相关文档，并以文件的形式存于计算机中。文件是具有符号名的、在逻辑上具有完整意义的一组相关信息的集合，由文件控制块(文件描述信息)和文件体(文件数据信息)组成。文件管理通过文件系统实现，文件系统是操作系统中与文件管理有关的软件和数据，文件管理功能包括提供建立、存取、修改、删除及转存文件的方法，实现文件在外存上的组织、空间分配与回收，实现文件的按名存取，解决文件的共享、保密与保护等。不同操作系统可以支持不同的文件系统，一个操作系统也可以支持多个文件系统。不同的文件系统，文件组织是不同的，常用的有文件的多重索引结构及多级目录结构。

3.4.1 多重索引结构

文件的三级索引结构如图 3-8 所示。文件的索引节点不仅存储了文件名、文件大小等文件描述信息，还存储了若干找到文件数据信息的指针。图中包括直接块指针 12 项，一次间接块指针、二次间接块指针和三次间接块指针各 1 项。所谓直接块是存储文件数据信息的数据块，即通过直接块指针找到一个数据块，该数据块中存储的是文件数据信息。一次间接块是存储直接块地址的数据块，即通过一次间接块指针找到一个数据块，该数据块中存储的是若干直接块地址，再通过这些直接块地址找到数据块，这些数据块中存储的才是文件数据信息；二次间接块是存储一次间接块地址的数据块；三次间接块则是存储二次间接块地址的数据块。

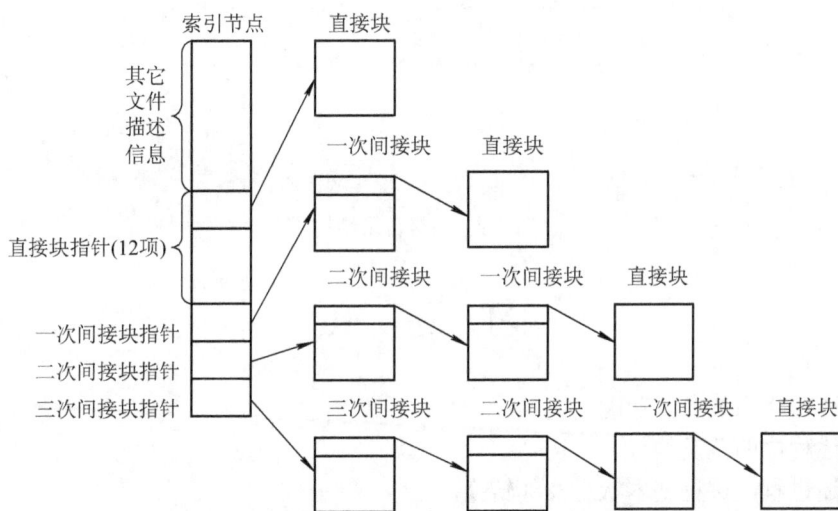

图 3-8 三级索引结构

例 3-2 在如图 3-8 所示的三级索引结构中，设每个数据块大小为 1 KB，每个数据块地址长度为 4B，则文件大小不大于 12 KB 时，文件最多需要 12 个直接块，并且可以通过索引节点中的 12 项直接块指针找到这 12 个直接块，不需要间接地址；当 12 KB<文件大小<=268 KB 时，文件最多需要 268 个直接块，通过索引节点中的 12 项直接块指针可以找到前面的 12 个直接块，剩下的 256 个直接块需要一次间接地址才能找到，即通过一次间接块指针找到一个一次间接块，这个一次间接块中可以存储 256 个直接块地址，通过这些直接块地址就可以找到剩下的 256 个直接块；类似地，当 268 KB<文件大小≤65804 KB 时，需要二次间接地址；当 65804 KB<文件大小≤16843020 KB 时，需要三次间接地址。

3.4.2 多级目录结构

为了实现文件的按名存取，可将文件控制块组织成目录，以便于文件的按名检索。为了更好地管理文件，例如解决文件的重名冲突等，文件通常采用如图 3-9 所示的多级目录结构。

多级目录结构像一棵倒置的有根树，所以也称为树型目录结构。在图中，□节点是文件，○节点是目录，根目录是盘符，目录下面可以包括子目录或文件。同一目录下面不能有同名文件，但是不同目录下面可以有同名文件，例如目录"程序"和"备份"下面都有文件"test.c"。事实上，访问这两个文件时采用的绝对路径(由从根目录到文件的分支上的所有目录名和文件名组成)是不同的，一个是"D:\程序\test.c"，另一个是"D:\备份\test.c"，因此这两个文件是同名的不同文件。

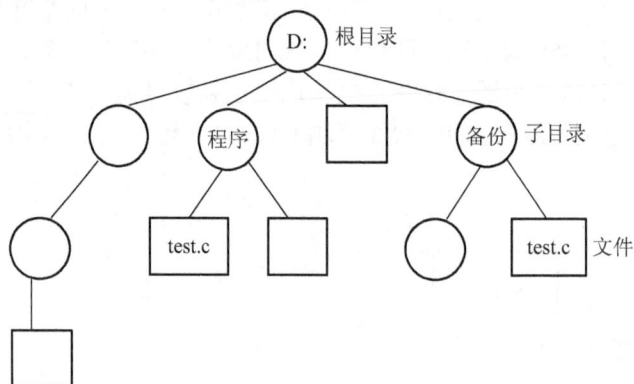

图 3-9　多级目录结构

习　题　三

1. 简述操作系统及其功能。
2. 简述程序的并发执行。
3. 简述进程、进程基本状态及其转换。
4. 简述请求页式管理。
5. 设内存空间大小为 512 MB，块大小为 4 KB，虚拟空间大小为 2 MB，页表如表 3-2 所示，则有多少个块和页？虚拟地址为 3000 的单元(设单元大小为 1 B)在内存吗？如果在内存，则相应单元的物理地址为多少？

表 3-2　页　　表

页号	块号	中断位
0	14	1
1	3	1
2	16	1
3	2	1
4		0
...		

6. 简述中断控制方式。
7. 设每个数据块大小为 4 KB，每个数据块地址长度为 8 B，文件的三级索引结构如图 3-8 所示，则当无间址时、一次间址时、二次间址时、三次间址时，文件分别最多能为多大？

第四章 算法与数据结构

算法与数据结构是程序设计的重要理论与技术基础，"程序设计=算法设计+数据结构设计"概括了三者的关系。算法研究的是算法设计和算法分析，前者研究"对于一个特定问题，如何给出一个求解算法？"，后者研究"这个求解算法是否足够好？"。数据结构研究的是数据的逻辑结构、存储结构及相应基本操作的算法，解决的是"对于一个特定问题，所涉及数据的逻辑结构是什么？在计算机中采用什么存储结构？在这样的数据结构上，基本操作的算法是什么？效率如何？"算法与数据结构相辅相成，不同的算法可能采用不同的数据结构，反之，不同的数据结构可能选择不同的算法。

4.1 算 法

算法是描述求解问题方法的步骤集合，具有如下特点：

(1) 确定性；

(2) 可执行性；

(3) 可终止性；

(4) 有零个或多个输入；

(5) 有一个或多个输出。

确定性是指算法的每个步骤都必须含义确定，在任何条件下，对于相同的输入只能得到相同的输出；可执行性是指算法的每个步骤必须可以具体执行；可终止性是指算法包含有限步骤，每个步骤必须在有限时间内结束。从输入/输出看，算法是输入到输出的一种映射。

4.1.1 算法描述

一个问题可以有多种求解方法，一个求解方法可以有多种描述形式。如果在人与人之间交流，可以采用自然语言、示例、图、表、公式等描述形式；如果在人与计算机之间交流，则只能采用程序设计语言，因此程序也称为程序设计语言描述的算法。

下面，通过一个例子介绍不同的算法描述形式。

例 4-1 求解两个正整数的最大公约数。

针对这个问题，给出两种求解方法：穷举法和辗转相除法，每种方法给出三种描述形式：自然语言形式、流程图形式和程序设计语言(C 语言)形式。

1．穷举法

(1) 穷举法的自然语言形式如下：

① 令 S 为两个正整数 M、N 中的较小者；

② 令 R_1 为 M 除以 S 的余数，R_2 为 N 除以 S 的余数；

③ 若 R_1 与 R_2 同时等于 0，则 S 就是两个正整数的最大公约数，否则令 S 为 S 减 1，返回②继续。

穷举法的流程图形式如图 4-1 所示。

(2) 穷举法的程序设计语言形式如下：

```
int greatest_common_divisor (int m, int n)
{int s, r1, r2;
    if (m>n) s=n; else s=m;
    r1=m%s;
    r2=n%s;
    while (r1!=0 || r2 !=0)
    {s=s-1;
        r1=m%s;
        r2=n%s;
    }
    return(s);
}
```

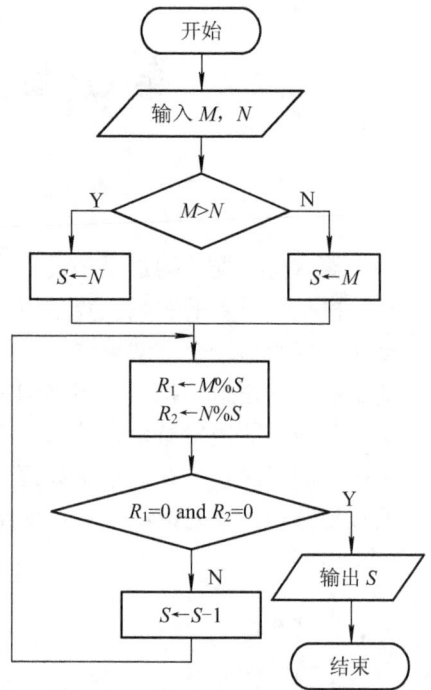

图 4-1　穷举法的流程图形式

2．辗转相除法

(1) 辗转相除法的自然语言形式如下：

① 令 M 为两个正整数中的较大者，N 为较小者；

② 令 R 为 M 除以 N 的余数；

③ 若 R 等于 0，则 N 就是两个正整数的最大公约数；否则令 M 为 N，N 为 R，返回②继续。

(2) 辗转相除法的程序设计语言形式如下：

```
int greatest_common_divisor (int m, int n)
{int r;
    if (m<n) {r=m; m=n; n=r;}
    r=m%n;
    while (r !=0)
    {m=n;
        n=r;
        r=m%n;
    }
    return(n);
}
```

辗转相除法的流程图形式如图 4-2 所示。

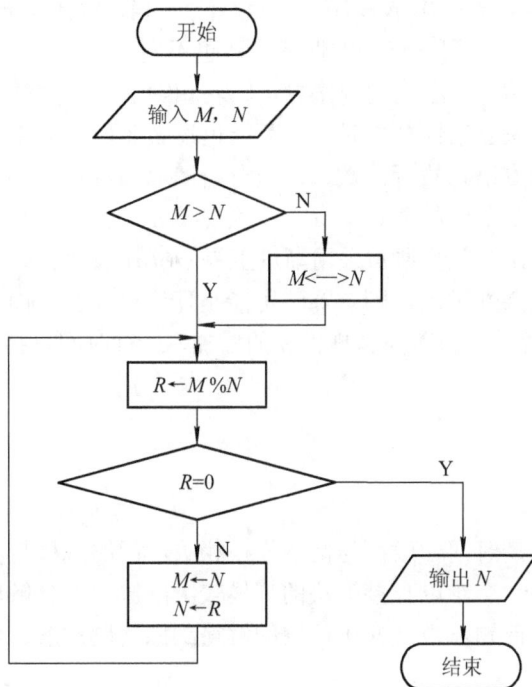

图 4-2　辗转相除法的流程图形式

可以看到，流程图形式不仅步骤清晰易于理解，而且易于转换为程序设计语言形式，它是常用的算法描述形式。

4.1.2　算法分析

前面提到，一个问题可以有多个求解算法，究竟哪个算法好呢？这就是算法分析的任务。

算法分析，也称为算法复杂性分析，是对运行算法所消耗的资源进行分析。算法消耗的资源越多，算法复杂性就越高。

资源可以分为时间资源(运行时间)和空间资源(内存空间)，因此，算法复杂性分析也分为时间复杂性分析和空间复杂性分析。

例 4-2　直观分析例 4-1 给出的两个算法——穷举法和辗转相除。穷举法和辗转相除法的算法分析如表 4-1 所示。

表 4-1　穷举法和辗转相除法的算法分析

		穷举法	辗转相除法
空间		5 个变量	3 个变量
时间	30，15	0 次循环	0 次循环
	30，16	14 次循环	2 次循环

如果选择变量数目作为空间度量，则穷举法需要 5 个变量 M、N、S、R_1、R_2，辗转相除法需要 3 个变量 M、N、R，辗转相除法优于穷举法。

　　如果选择循环语句执行次数作为时间度量，则当 $M = 30$，$N = 15$ 时，穷举法和辗转相除法都是 0 次循环，而当 $M = 30$，$N = 16$ 时，穷举法是 14 次循环，辗转相除法是 2 次循环。可以看到，不同的 M 和 N，同一算法的循环次数也不同，因此，时间复杂性有最好情况、最坏情况、平均情况三种。从平均情况来看，辗转相除法优于穷举法。

　　事实上，当进行算法复杂性分析时，不可能也没必要如例 4-2 一样，针对特定输入分析算法的变量数目和基本语句执行次数，而是分析随着问题规模的增长，复杂性增长的量级。例如，算法的时间复杂性与算法本身、问题规模 n 相关，当算法确定时，算法的时间复杂性就是 n 的函数 $T(n)$，并且通常采用渐进上界 $O(f(n))$ 表达其时间复杂性增长的量级。

　　如果算法的时间复杂性过高，则该算法可能是理论可计算，而实际不可计算。例如，时间复杂性为 $O(2^n)$ 的算法，随着问题规模 n 的增加，运行时间呈指数增加，算法就是理论可计算而实际不可计算。

4.1.3　算法设计

1. 分治与递归

　　计算机求解问题所需时间一般都与问题规模相关，问题规模越小，所需时间越少，也较容易处理。分治是将一个难以直接解决的规模较大的原问题分解成一系列规模较小的子问题，分别求解各个子问题，再合并子问题的解得到原问题的解。分治是算法设计的基本策略，包括三个步骤：

　　(1) 分解：将原问题分解成一系列子问题。

　　(2) 求解：求解各个子问题。

　　(3) 合并：合并子问题的解得到原问题的解。

　　在算法设计中，递归与分治就像孪生兄弟，密切相关。递归是指函数(或过程)直接调用自己或通过一系列调用语句间接调用自己。通常，递归用于解决结构自相似问题，即构成原问题的子问题与原问题在结构上相似，可以采用类似方法求解。递归是描述问题和解决问题的基本方法，包括两个要素：

　　(1) 边界条件：确定递归何时终止，也称为递归出口。

　　(2) 递归模式：确定原问题如何分解为子问题，也称为递归体。

　　例 4-3　求解 $n!$。

　　方法一：$n!$ 可以展开为 $n! = n*(n-1)*(n-2)*\cdots*3*2*1$，可以采用循环求解，流程图如图 4-3 所示，程序如下：

```
int factorial (int n)
{int p, m;
 p=1;
 m=1;
 while (m<=n)
 {p=p*m;
```

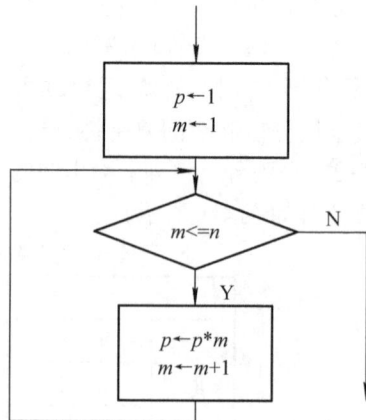

图 4-3　$n!$ 的循环求解流程

```
        m=m+1;
    }
    return(p);
    }
```

方法二：$n!$ 也可以写成递归形式，即递归体：$n! = n*(n-1)!$，递归出口：$1!=1$，可以采用递归求解，求解过程如图 4-4 所示，程序如下：

```
int factorial (int n)
{int p;
  if (n==1) p=1;
  else p=n* factorial (n-1);
  return(p);
  }
```

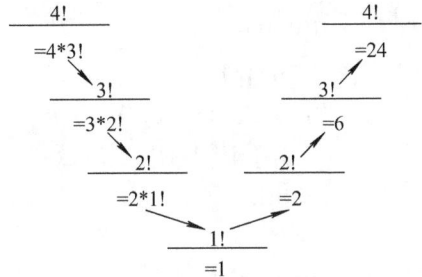

图 4-4 $n!$ 的递归求解流程

2. 动态规划

当采用分治与递归设计计算法时，原问题的一系列子问题最好相互独立，否则会因为重复求解公共子问题而导致效率低下。如果子问题相互重叠，通常可以采用动态规划。动态规划对每个子问题只求解一次并将解保存在表格中，当需要再次求解该子问题时，通过查表获得其解，从而避免重复求解公共子问题。

例 4-4 计算 2 阶 Fibonacci 序列的第 n 项，公式如下：

$$\begin{cases} f_0 = 0, \quad f_1 = 1 \\ f_n = f_{n-1} + f_{n-2}, \quad n \geq 2 \end{cases}$$

方法一：上述公式本身就是递归描述，即递归体：$f_n = f_{n-1} + f_{n-2}$，递归出口：$f_0 = 0$，$f_1 = 1$。递归求解过程中的子问题如图 4-5 所示，程序如下：

```
int fibonacci (int n)
{int p;
  if (n==0) p=0;
 if (n==1) p=1;
 if (n>=2) p=fibonacci (n-1)+fibonacci (n-2);
 return (p);
  }
```

从图 4-5 可以看到，在 f_5 的递归计算中，有许多子问题被重复计算，如 f_3 被重复计算了 2 次，f_2 被重复计算了 3 次。随着 n 的增加，这个现象更加突显，严重影响计算效率。

方法二：采用动态规划，即颠倒计算方向，将自顶而下计算变为自底而上计算，对每个子问题仅计算一次并将解保存在表格中，当需要再次计算该子问题时，通过查表获得其解，从而避免重复求解公共子问题，程序如下：

```
int fibonacci (int n)
{int p, f[100], i;
```

```
if (n==0) p=0;
if (n==1) p=1;
if (n>=2)
{
f[0]=0;
    f[1]=1;
for (i=2; i<=n; i++)
    f[i]=f[i-1]+f[i-2];
p=f[n];
}
return (p);
}
```

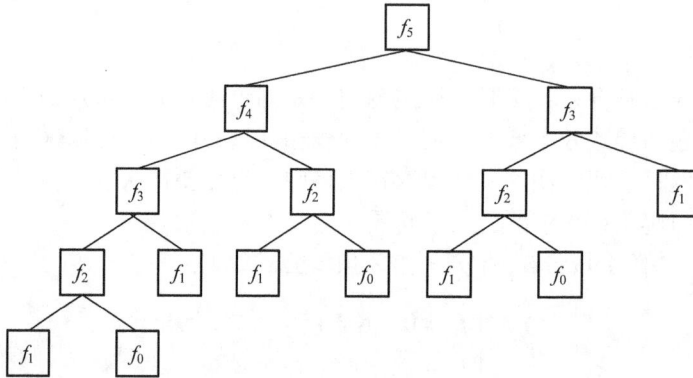

图 4-5　2 阶 Fibonacci 序列的递归求解方法

动态规划求解过程中的表格如表 4-2 所示。

表 4-2　2 阶 Fibonacci 序列的动态规划求解方法

f_0	f_1	f_2	f_3	f_4	f_5	...
0	1	1	2	3	5	...

4.2　数　据　结　构

4.2.1　基本概念

数据结构是相互之间存在一种或多种特定关系的数据元素的集合。所谓数据元素是在程序中作为一个整体进行考虑和处理的数据的基本单位，可由若干个数据项组成。

例 4-5　如图 4-6 所示，在职工管理中，一个职工的信息就是一个数据元素，可由职工号、姓名、性别、出生年月等数据项组成。

数据元素

职工号、姓名、性别、出生年月……

数据项

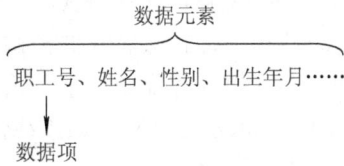

图 4-6 数据元素与数据项

数据结构的研究内容包括：

(1) 数据的逻辑结构：研究数据元素之间的逻辑关系。

(2) 数据的存储结构：研究数据元素及其关系在计算机中的表示与存储。

(3) 基本操作的算法：研究当某种逻辑结构采用某种存储结构实现时，基本操作的算法及复杂性。

数据结构的研究内容如图 4-7 所示。逻辑结构可以分为线性结构、树结构、图结构，存储结构可以分为顺序存储结构和链式存储结构。

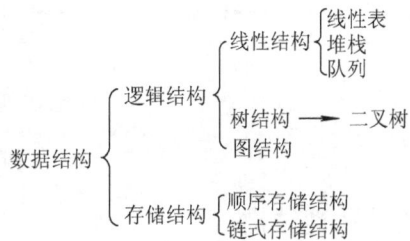

任何一种逻辑结构可以采用顺序存储结构或者链式存储结构实现。下面，首先通过例子简单介绍存储结构和基本操作，然后着重介绍逻辑结构，包括线性结构中的线性表、堆栈、队列，树结构中的二叉树及图结构。

数据结构 { 逻辑结构 { 线性结构 { 线性表 堆栈 队列 / 树结构 → 二叉树 / 图结构 } / 存储结构 { 顺序存储结构 链式存储结构 } }

图 4-7 数据结构的研究内容

例 4-6 在职工管理中，n 个职工的信息是 n 个数据元素，它们的逻辑结构可以看做线性结构中的线性表，即数据元素之间的逻辑关系是线性关系，而且可以在任一位置删除或者插入一个数据元素，如图 4-8 所示。

线性表的顺序存储结构可以采用 C 语言中的数组实现，一个数组元素存储一个数据元素，数据元素之间的逻辑相邻采用数组元素之间的物理相邻表示，顺序存储结构如图 4-9 所示。

线性表的链式存储结构可以采用 C 语言中的指针实现，如图 4-10 所示，一个结点存储一个数据元素，数据元素之间的逻辑相邻采用结点之间的指针表示。

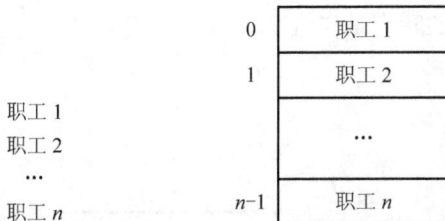

职工 1	

职工 2	

职工 n	∧

0	职工 1
1	职工 2
...	...
n-1	职工 n

职工 1
职工 2
...
职工 n

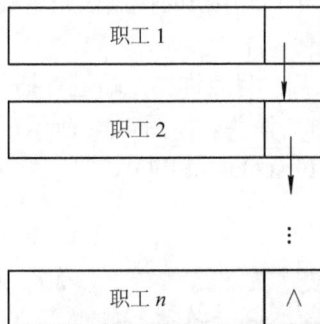

图 4-8 线性表　　图 4-9 顺序存储结构　　图 4-10 链式存储结构

线性表采用顺序存储结构或者链式存储结构实现，基本操作的算法及复杂性有很大差别。例如，职工管理中的删除操作如图 4-11 所示，如果删除职工 3，在顺序存储结构中，从职工 4 到职工 n 都需要向前移动一个位置，而在链式存储结构中，只需修改职工 2 的指针即可。再例如，职工管理中的查找操作，在顺序存储结构中，可以事先排序数据元素，这样可以采用高效率的折半查找，而在链式存储结构中，只能采用低效率的顺序查找。因此，线性表采用哪种存储结构实现应该取决于应用。如果线性表的主要操作是插入、删除，则采用链式存储结构；如果线性表的主要操作是查找，则采用顺序存储结构。例如，在职工管理中，查找是主要操作，采用顺序存储结构比链式存储结构好。

(a) 顺序存储结构(删除"职工3"时)

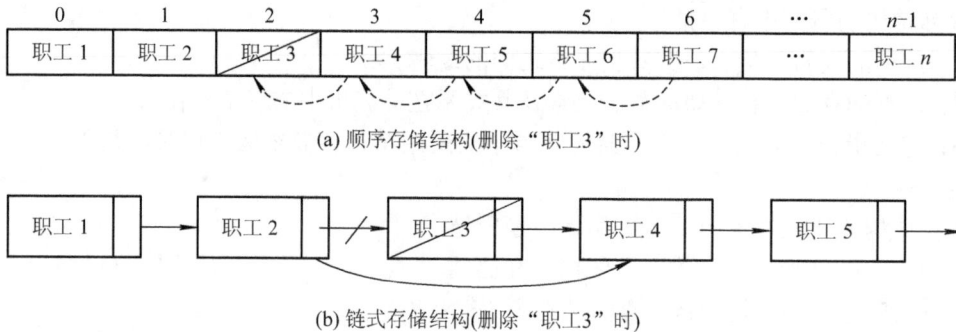

(b) 链式存储结构(删除"职工3"时)

图 4-11　删除操作

4.2.2　线性结构

线性结构是指数据元素之间的逻辑关系是线性关系(一对一关系)。第一个数据元素没有前驱，只有唯一后继，最后一个数据元素没有后继，只有唯一前驱，其它数据元素有唯一前驱和唯一后继。如图 4-12 所示，圆圈表示数据元素，线表示数据元素之间的关系。

图 4-12　线性结构

根据线性结构中数据元素的操作限制，线性结构分为以下几个：

(1) 线性表：允许在任一位置进行插入和删除操作。

(2) 堆栈：只允许在一端进行插入和删除操作。这一端称为栈顶，另一端称为栈底，如图 4-13 所示。堆栈的特点是先进栈的数据元素后出栈，称为先进后出(First In Last Out，FILO)。

(3) 队列：只允许在一端进行插入操作，在另一端进行删除操作。插入一端称为队尾，删除一端称为队头，如图 4-14 所示。队列的特点是先进队的数据元素先出队，称为先进先出(First In First Out，FIFO)。

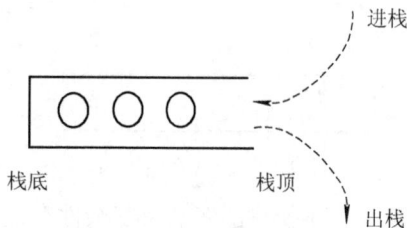

图 4-13　堆栈

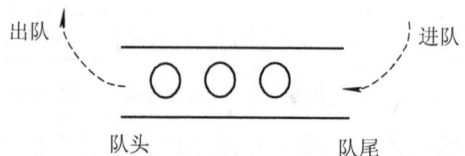

图 4-14　队列

线性表、堆栈、队列有广泛应用。例如，在职工管理中，职工的信息构成线性表；在十进制整数转换为二进制整数中，余数构成堆栈；在进程调度中，就绪进程构成队列。

4.2.3 树结构

树结构是一种非常重要的数据结构。树的递归定义为：没有结点(数据元素)的树称为空树。在非空树中，有且仅有一个结点称为根结点，其余结点可分为若干互不相交的集合，每个集合又是一棵树，称为根结点的子树。

结点的子树数目称为结点的度。除根结点外，度为 0 的结点称为叶子结点，度不为 0 的结点称为内部结点。结点的子树根结点称为该结点的子结点，相应地，该结点称为子树根结点的父结点。根结点没有父结点，可以有若干子结点；叶结点没有子结点，只有唯一父结点；内部结点只有唯一父结点，可以有若干子结点。因此，树结构是指数据元素(结点)之间的逻辑关系是一对多关系(分支)，一个父结点可以有若干子结点，一个子结点只有唯一父结点，如图 4-15 所示。

二叉树是一种应用广泛的特殊的树结构，它的递归定义是：没有结点(数据元素)的二叉树称为空树。在非空二叉树中，有且仅有一个结点称为根结点，其余结点可分为两个互不相交的集合，每个集合又是一棵二叉树，分别称为根结点的左子树和右子树。二叉树的特点是任意结点至多有二个子结点，子结点有左右之分，如图 4-16 所示。

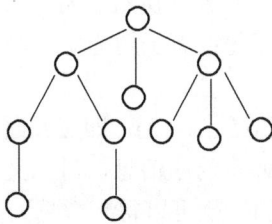

图 4-15 树结构

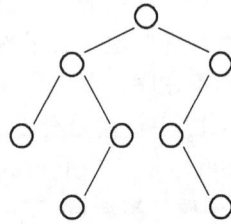

图 4-16 二叉树

二叉排序树又是一种用于查找的特殊的二叉树，它的特点是：对于任意结点，若它的左子树不空，则左子树上所有结点的值均小于它的值；若它的右子树不空，则右子树上所有结点的值均大于它的值，如图 4-17 所示。

例 4-7 在图 4-17 所示二叉排序树的序列{5，4，9，6，10，3，8}中查找元素 2。

如果采用线性表组织序列元素，则有两种方法：

方法一：当序列元素无序时，只能采用顺序查找，即从第一个元素开始，逐个与查找元素比较，如果相等，则查找结束，查找元素在序列中；如果直至最后一个元素都不相等，则查找结束，查找元素不在序列中。这样，在序列{5，4，9，6，10，3，8}中查找元素 2，需要比较 7 次，才能判断 2 不在序列中。

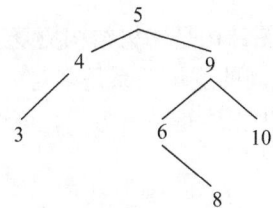

图 4-17 例 4-7 的二叉排序树

方法二：当序列元素排序后，可以采用折半查找，即中间元素与查找元素比较，如果相等，则查找结束，查找元素在序列中；如果查找元素小，则它只可能在中间元素之前，继续递归地采用折半查找在中间元素之前的子序列中查找；如果查找元素大，则它只可能在中间元素之后，继续递归地采用折半查找在中间元素之后的子序列中查找。直至相等或者子序列为空，如果子序列空，则查找结束，查找元素不在序列中。这样，序列元素排序后为{3，4，5，6，8，9，10}，在其中查找元素 2，只需比较 3 次(6，4，3)，即可判断 2 不在序列中。采用折半查找的前提是数据元素有序，而且排序同样需要代价，但在查找频繁的应用中，一次排序多次查找，这个代价是值得的。

　　除了线性表，也可以将序列元素组织成二叉排序树。

　　构造序列元素二叉排序树的过程可以采用递归方式，即从空二叉排序树及第 1 个元素开始，将元素插入到二叉排序树中。首先，元素与根结点比较，如果没有根结点，则元素作为根节点插入到二叉排序树中；如果根结点大，则递归地将元素插入到左子树中；如果根结点小，则递归地将元素插入到右子树中。在该例 4-7 中，初始，二叉排序树为空树，第 1 个元素 5 形成根结点；接着，第 2 个元素 4 与根结点 5 比较，根结点大，而根结点的左子树为空树，第 2 个元素 4 形成左子树根结点；接着，第 3 个元素 9 与根结点 5 比较，根结点小，而根结点的右子树为空树，第 3 个元素 9 形成右子树根结点。如此递归地处理即可得到如图 4-17 所示的序列元素的二叉排序树。

　　在二叉排序树中查找元素的过程也可以采用递归方式，即先将二叉排序树根结点与查找元素比较，如果相等，则查找结束，查找元素在序列中；如果查找元素小，则它只可能在根结点的左子树中，继续递归地在左子树中查找；如果查找元素大，则它只可能在根结点的右子树中，继续递归地在右子树中查找。直至相等或者子树为空，如果子树空，则查找结束，查找元素不在序列中。

　　这样，在图 4-17 中查找元素 2，也只需比较 3 次(5，4，3)，即可判断 2 不在序列中。

　　从例 4-7 可以看到，二叉排序树本身含有数据元素的序信息，对二叉排序树进行中根遍历(递归地按左子树、根结点、右子树的顺序遍历)，就可以得到数据元素的升序序列。所以，折半查找和二叉排序树查找都是利用了序信息提高查找效率。

4.2.4　图结构

　　图结构是比树结构更复杂的一种数据结构。如图 4-18 所示，在图结构中，数据元素(顶点)之间的逻辑关系是多对多关系(边)。

　　根据边是否有方向，可将图分为有向图(如图 4-18(a)所示)和无向图(图 4-18(b)所示)。

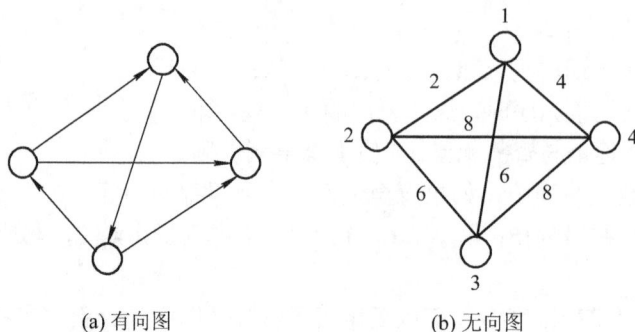

(a) 有向图　　　　　　　　　(b) 无向图

图 4-18　图结构

在无向图中，从顶点 v_s 到顶点 v_e 的路径是顶点序列 $v_s = v_1$，v_2，$\cdots$，$v_k = v_e$，其中 v_i 与 $v_{i+1}(1 \leqslant i < k)$ 之间有边。如果从顶点 v_s 到顶点 v_e 有路径，则称 v_s 与 v_e 是连通的。如果任意两个顶点都是连通的，则称无向图是连通图。

连通图的生成树是极小连通子图，即含有全部 n 个顶点、仅含有 $n-1$ 条边的连通子图。连通图的生成树可能不唯一。

在图中，边可以附带一个称为权的值，称为带权图，如图 4-18(b)所示。

带权连通图的最小生成树是边的权之和最小的生成树。带权连通图的最小生成树也可能不唯一。

例 4-8 已知 6 个城市之间的可能架线及费用，如图 4-19 所示，求连通这 6 个城市的最少架线费用及方案。

可以采用带权连通图描述 6 个城市之间的可能架线及费用，顶点表示城市，边表示可能架线，权表示费用。这样，问题可转换为求其最小生成树。

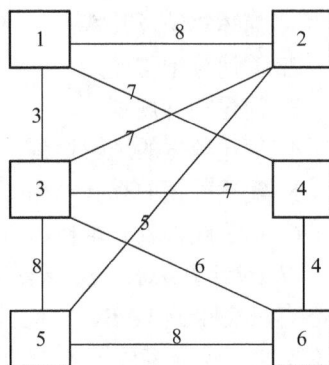

图 4-19 例 4-8 的带权连通图

求带权连通图的最小生成树的一个算法是 Kruskal 算法，其基本思想是从仅有 n 个顶点的非连通图开始，每次在没被选的边中选一条满足下列条件的边，直至选了 $n-1$ 条边终止。

(1) 权最小；

(2) 连通两个不连通子图。

图 4-19 的最小生成树的求解步骤如图 4-20 所示。在图 4-20(f)中，边(1,4)、(2,3)、(3,4)的权都最小，但是只有边(2,3)能连通两个不连通子图，因此只能选边(2,3)。

图 4-20(f)即是连通这 6 个城市的最少架线费用的方案，其费用为 25。

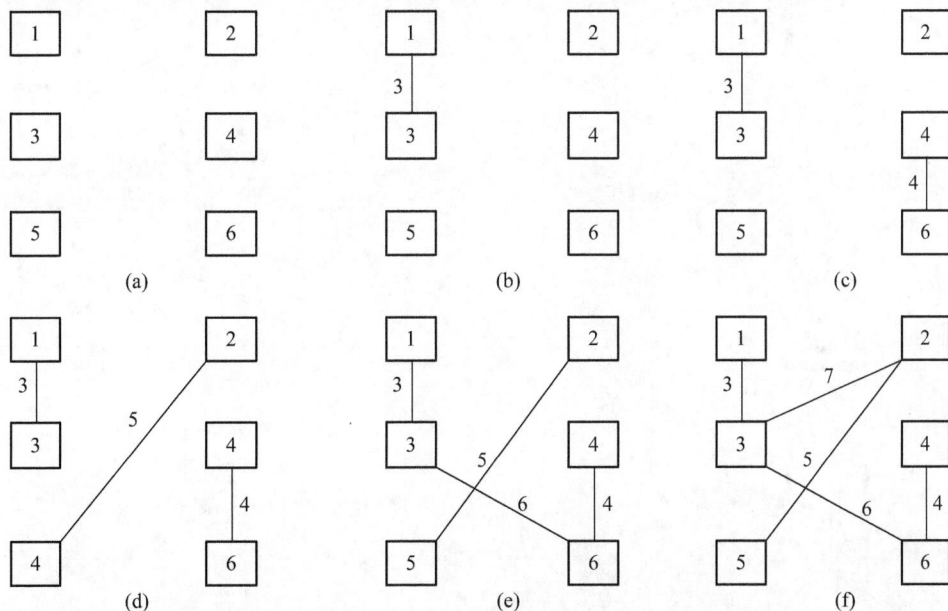

图 4-20 图 4-19 的最小生成树的求解步骤

习 题 四

1. 简述算法及其特点。

2. 简述分治与递归。

3. 简述动态规划。

4. 简述数据的逻辑结构。

5. 简述数据的存储结构。

6. 简述线性表、堆栈、队列的异同。

*7. 设计算法求解汉诺塔问题，问题描述如下：

有三根柱子 A、B、C，在柱子 A 上从下向上有 n 个从大到小的圆盘，在柱子 B 和 C 上没有圆盘，现需将柱子 A 上的所有圆盘移到柱子 C 上，可以借助柱子 B，要求每次只能移动一个圆盘，每根柱子上的圆盘只能大的在下，小的在上。

*8. 设计二叉树的顺序存储结构和链式存储结构。

第五章　程序设计语言与编译原理

　　如第四章所述，当令计算机求解问题时，首先给出求解问题的算法，其次写出算法对应的程序，即程序设计语言描述的算法。

　　所谓程序设计语言是指用于书写程序的语言，它规定了书写程序时可以使用的一组记号和一组语法规则。

　　如图 5-1 所示，程序设计语言大体可以分为低级语言和高级语言。

　　低级语言面向机器，包括机器语言和汇编语言，高级语言接近人类自然语言，主流高级语言主要包括命令型语言和面向对象语言。

　　机器语言是计算机可以直接识别和处理的语言，其它语言必须转换为机器语言才能在计算机上运行。完成这个转换工作的程序称为语言处理程序。语言处理程序主要有汇编程序、解释程序和编译程序。

图 5-1　程序设计语言分类

　　本章首先介绍程序设计语言，然后介绍编译原理。

5.1　程序设计语言

5.1.1　机器语言

　　机器语言就是机器指令。回顾第二章介绍的两个加数相加的机器指令形式的程序：

```
0001 00 0010000000
0011 00 0010000001
0010 00 0010000010
0000 00 0000000000
```

　　可以看到机器语言程序是 0、1 形式的程序，可以被计算机直接识别和处理，执行效率高，但是它与指令系统相关，通用性差，可读性差，容易出错且不易纠错，编写效率低。为了克服机器语言的缺点，引入了汇编语言。

5.1.2　汇编语言

　　以下是采用 COMET 模型机的 CASL 汇编语言编写的两个加数相加的汇编语言程序。

```
START
LD GR0, X
ADD GR0, Y
ST GR0, Z
END
```

　　START 表示程序开始，LD(LOAD)表示载入数据，ADD 表示相加，ST(STORE)表示存储数据，END 表示程序结束，GR0(GENERAL REGISTER)表示通用寄存器地址，X、Y、Z 表示内存地址。LD GR0, X 表示从 X 中载入数据到 GR0 中；ADD GR0, Y 表示 GR0 中的数据与 Y 中的数据相加，和存于 GR0 中；ST GR0, Z 表示从 GR0 中存储数据到 Z 中。

　　可以看到汇编指令与机器指令基本一一对应，汇编指令采用助记符表示机器指令的操作码和操作数，助记符一般为英文单词缩写。与机器语言相比，汇编语言的编写效率提高了，但是它仍然与指令系统相关，通用性也差。于是，出现了高级语言。

5.1.3　高级语言

　　主流高级语言主要包括命令型语言和面向对象语言。

1. 命令型语言

　　命令型语言，也称为面向过程语言，采用结构化程序设计，以操作为中心，进行功能分解和模块划分，强调程序"做什么"和"如何做"。命令型语言包括 Fortran 语言、Pascal 语言和 C 语言等。Fortran 语言是第一个广泛用于科学计算的高级语言；Pascal 语言在早期的高校计算机程序设计教学中处于主导地位；C 语言是 20 世纪 70 年代发展起来的高级语言。C 语言兼顾了高级语言与汇编语言的特点，允许直接访问操作系统和底层硬件，因此在系统级应用和实时处理应用的开发中成为主要语言。

　　下面给出采用 C 语言编写的计算圆的面积和周长的高级语言程序。

```
#include <stdio.h>
#define pi 3.14
double calculate-area(int radius)
{return pi*radius*radius;}
double calculate-perimeter(int radius)
{return 2*pi*radius;}
main()
{int radius;
    printf("请输入圆的半径：");
    scanf("%d",&radius);
    printf("圆的面积为：%f \n", calculate-area(radius));
    printf("圆的周长为：%f \n",calculate-perimeter(radius));
}
```

　　函数 calculate-area()的功能是根据半径 radius 计算面积；函数 calculate-perimeter()的功能是根据半径 radius 计算周长；主函数是程序入口，允许用户输入半径 radius，通过调用函数 calculate-area()得到面积、调用函数 calculate-perimeter()得到周长，并向用户输出面积和周长。

从上例可以看到，程序设计语言的基本元素主要包括以下几点：

(1) 常量与变量：常量是在程序运行过程中其值不能改变的量；变量是在程序运行过程中其值可以改变的量，具有数据类型、变量名、变量值三个属性。

(2) 数据类型：数据是程序处理的基本对象，数据类型决定了数据的存储长度、取值范围及允许的操作。在 C 语言中，数据类型分为基本类型(如整型、实型、字符型)和构造类型(如数组、结构体、共用体)。

(3) 运算符与表达式：运算是数据加工的过程。运算符是描述运算的符号，其具有优先级和结合性两个属性。表达式是运算符和运算对象(如常量、变量)连接而成的符合语法的式子。

(4) 选择与循环等控制语句：程序具有顺序、选择、循环三种控制结构。选择控制语句用于实现在多个分支中选择一个分支执行。循环控制语句用于实现重复执行。在 C 语言中，选择控制语句有 if 语句和 switch 语句，循环控制语句有 for 语句、while 语句和 do-while 语句。

(5) 函数与过程等程序模块：函数与过程是一段具有独立功能的程序模块。通常将有返回值的程序模块称为函数，将没有返回值的程序模块称为过程。在 C 语言中，函数与过程统称为函数。一个 C 程序由一个或多个函数组成，其中有且仅有一个 main 函数，它是程序运行的起点。函数包括定义与调用，在函数定义中，函数首部说明函数返回值的数据类型、函数的名字、函数运行时所需的参数及类型。函数体说明函数实现的功能。当函数调用时，通过调用函数名及传递参数实现。参数传递的方法主要有两种：一种是值传递，即把主调函数中的实参拷贝给被调函数中的形参，这种方法的参数传递是单向的，如果形参的值发生变化，不会影响实参的值，C 语言采用的就是这种方法；另一种是地址传递，即主调函数中的实参与被调函数中的形参共享一个内存单元，这种方法的参数传递可以认为是双向的，如果形参的值发生变化，会影响实参的值。

2. 面向对象语言

面向对象语言采用面向对象程序设计，以数据为中心，进行对象抽取和类抽象，强调程序"包括什么对象"、"对象包括什么属性和方法"。面向对象语言包括 C++语言、Java 语言和 C# 语言等。C++ 语言是在 C 语言基础上于 20 世纪 80 年代发展起来的面向对象语言，与 C 语言兼容，C++ 语言增加了类机制。Java 语言是 20 世纪 90 年代发展起来的广泛用于网络开发的面向对象语言。C# 语言是 Microsoft 为.net 开发的全新的面向对象语言，它吸收了 C++、Java 等语言的优点。

下面给出采用 C++ 语言编写的计算圆的面积和周长的高级语言程序。

```cpp
#include <iostream.h>
const double pi=3.14;
class circle;
{public:
    int radius;
```

```
    double calculate-area()
    {return pi*radius*radius;}
    double calculate-perimeter()
    {return 2*pi*radius;}
};
void main(void)
{circle thecircle;
cout<<"请输入圆的半径：";
cin>>thecircle.radius;
cout<<"圆的面积为："<<thecircle.calculate-area()<<"\n";
cout<<"圆的周长为："<<thecircle.calculate-perimeter()<<"\n";
}
```

类 circle 包括一个属性：半径 radius；两个方法：计算面积的 calculate-area()和计算周长的 calculate-perimeter()。主函数是程序入口，其中创建了类 circle 的对象 thecircle，允许用户输入对象的半径 thecircle.radius，通过调用对象的方法 thecircle.calculate-area()得到面积、调用对象的方法 thecircle.calculate-perimeter()得到周长，并向用户输出面积和周长。

从上例可以看到，面向对象程序设计的核心概念是对象和类。对象是属性和方法的封装体。类是对具有相同属性和方法的一组相似对象的抽象。类是对象的模板，而对象是类的实例。例如，半径为 1 的圆或者半径为 3 的圆都是对象，它们都具有属性——半径，都可以具有方法——计算面积和计算周长，因此，可以抽象为圆类。

面向对象语言的主要特性是封装性、继承性和多态性。封装性是指把相关的属性和方法封装为统一的整体，对外只提供访问接口，使用者无需了解其内部实现。在图 5-2 所示的类图中，圆类封装了半径属性及计算面积和周长的方法。继承性是指子类可以继承父类的属性与方法，还可以增加自己的属性与方法，继承的目的是代码重用。在图 5-2 中，形状类是圆类和正方形类的父类，包括计算面积和周长的抽象方法，圆类增加了自己的半径属性，继承并实现了计算面积和周长的方法。多态性是指不同对象在接收到相同消息时产生不同动作。图中，另一个子类正方形类增加了自己的边长属性，继承并实现了计算面积和周长的方法。当分别调用圆对象和正方形对象的计算面积方法时，它们的计算规则是不同的，因为它们的实现是不同的。

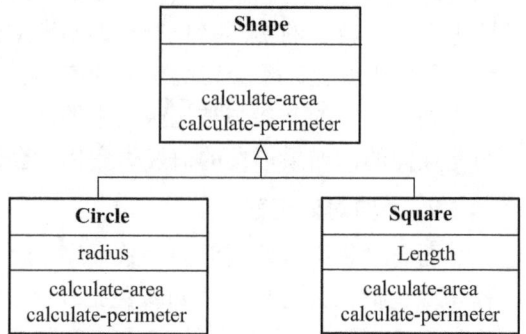

图 5-2　类图

5.2　编 译 原 理

除了机器语言程序，其它语言程序必须转换为机器语言程序才能在计算机上运行，完成这个转换工作的程序称为语言处理程序。如图 5-3 所示，完成汇编语言程序向机器语言程序转换的程序称为汇编程序，而完成高级语言程序向机器语言程序转换的程序有编译程序和解释程序两种。编译方式和解释方式的不同在于：编译方式是先编译再执行，即先将高级语言程序转换为机器语言程序再执行，这种方式的执行效率高；而解释方式是边解释边执行，即转换一句执行一句，这种方式的灵活性高。许多高级语言如 C 语言、C++语言都采用编译方式，一些脚本语言如 VBScript 语言、JavaScript 语言采用解释方式。

图 5-3　语言处理程序

下面着重介绍编译原理。

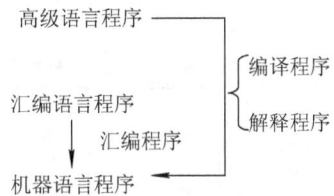

5.2.1　编译过程

高级语言程序称为源程序，编译后的机器语言程序称为目标程序。编译过程主要包括以下几点：

(1) 词法分析：源程序可以看成是一个多行的字符串。词法分析的任务是对源程序从头到尾逐个字符地扫描，从中识别出每一个的单词，例如，关键字、变量名、运算符等。

(2) 语法分析：语法分析的任务是在词法分析的基础上，根据语法规则将单词序列分解成各类语法单位，例如，表达式、语句等。通过语法分析，判断语法单位是否符合语法规范，例如，二目运算符是否有两个操作数。

(3) 语义分析：语义分析的任务是在语法分析的基础上，分析语法单位的含义，检查程序是否包含静态语义错误，例如，运算符的操作数类型是否正确，表达式的运算次序如何等。

(4) 中间代码生成：中间代码是一种过渡代码，是一种简单且含义明确的记号系统，与具体机器无关。中间代码生成的目的是方便下一步的代码优化。

(5) 代码优化：优化是编译程序的重要组成部分。由于编译程序将源程序翻译成中间代码的工作是按固定模式进行的、机械的工作，中间代码往往在时间和空间上都有较大浪费。代码优化的任务就是通过程序的等价变换规则，优化中间代码，减少存储空间和运行时间，例如，循环体内是否有可以放到循环体外的语句。

(6) 目标代码生成：目标代码生成的任务是把中间代码变换成特定机器上的指令代码，这与具体机器密切相关。

(7) 表格管理和出错处理：表格管理和出错处理贯穿整个编译过程。表格管理用于登记、查询、更新各个编译阶段得到的各种编译信息。源程序不可避免地会有一些错误，编译程序可以诊断、处理各种语法错误及静态语义错误，例如，关键字拼写错误、表达式书写错误、运算符与操作数类型不匹配等。

在实际的编译程序中，编译过程的某些阶段可能会结合起来一起进行处理。编译过程如图 5-4 所示。

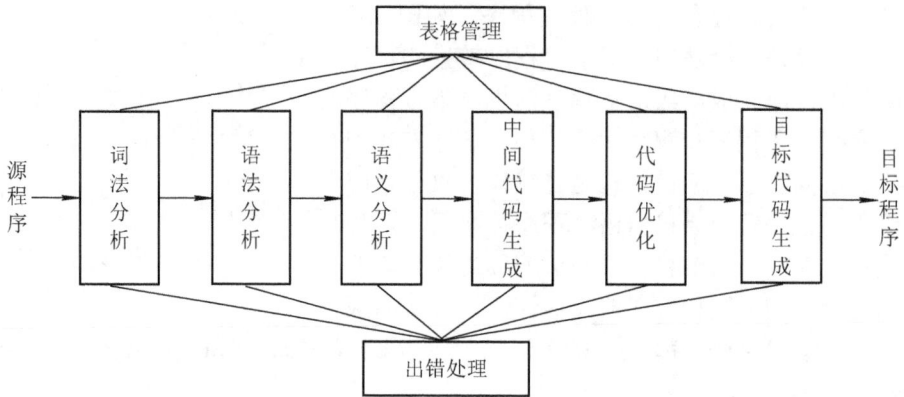

图 5-4　编译过程

5.2.2　算符优先分析法

下面，通过介绍表达式分析广泛采用的算符优先分析法来进一步了解编译原理。

表达式的运算次序由运算符的优先级和结合性决定。根据运算符的优先级和结合性，可以得到两个相邻运算符的优先关系。表 5-1 列出了运算符+、−、*、/的优先关系，例如，前+>后+是指两个相邻+，在运算次序的优先关系上前面+大于后面+。

算符优先分析法就是基于算符优先关系，分析表达式是否符合语法规范(语法分析)，以及运算次序和运算结果如何(语义分析)等。

表 5-1　算符优先关系

前　　　　后	+	−	*	/
+	>	>	<	<
−	>	>	<	<
*	>	>	>	>
/	>	>	>	>

算符优先分析法采用两个栈——操作数栈和运算符栈分别存放操作数和运算符，开始两个栈都为空栈。算符优先分析法的基本方法是从左到右扫描表达式的各个单词，如果是操作数就直接进操作数栈；如果是运算符，则与栈顶运算符比较，并完成下列相应操作：

(1) 如果没有栈顶运算符，则直接进运算符栈，继续扫描；

(2) 如果大于栈顶运算符，则直接进运算符栈，继续扫描；

(3) 如果小于栈顶运算符，则栈顶运算符出栈，相应操作数出栈，并进行运算，结果进操作数栈，继续比较；

(4) 如果等于栈顶运算符，则栈顶运算符出栈，继续扫描。

若表达式扫描完成，则重复下列操作直至操作数栈中只有一个操作数且运算符栈为空栈：栈顶运算符出栈，相应操作数出栈，并进行运算，结果进操作数栈。

如果分析过程能够正常结束，则表达式正确，结果就是操作数栈中的操作数；否则表达式不正确。

例5-1　分析表达式 3+4*5-6/2，分析过程如表 5-2 所示，分析步骤如下：

第 1 步，从左到右扫描表达式的各个单词，操作数 3 进操作数栈；

第 2 步，运算符+与栈顶运算符比较，由于没有栈顶运算符，运算符+进运算符栈；

第 3 步，操作数 4 进操作数栈；

第 4 步，运算符*与栈顶运算符+比较，由于大于栈顶运算符，运算符*进运算符栈；

第 5 步，操作数 5 进操作数栈；

第 6 步，运算符-与栈顶运算符*比较，由于小于栈顶运算符，栈顶运算符*出栈，相应操作数 5 和 4 出栈，并进行运算 4*5，结果 20 进操作数栈；

第 7 步，运算符-与栈顶运算符+比较，由于小于栈顶运算符，栈顶运算符+出栈，相应操作数 20 和 3 出栈，并进行运算 3+20，结果 23 进操作数栈；

第 8 步，运算符-与栈顶运算符比较，由于没有栈顶运算符，运算符-进运算符栈；

第 9 步，操作数 6 进操作数栈；

第 10 步，运算符/与栈顶运算符-比较，由于大于栈顶运算符，运算符/进运算符栈；

第 11 步，操作数 2 进操作数栈，此时，表达时扫描结束；

第 12 步，栈顶运算符/出栈，相应操作数 2 和 6 出栈，并进行运算 6/2，结果 3 进操作数栈；

第 13 步，栈顶运算符-出栈，相应操作数 3 和 23 出栈，并进行运算 23-3，结果 20 进操作数栈，此时，操作数栈中只有一个操作数且运算符栈为空栈，分析过程正常结束，表达式正确，结果就是操作数栈中的操作数 20。

表 5-2　表达式 3+4*5-6/2 的分析过程

步骤	操作数栈	运算符栈	备 注
1	3		3 进栈
2	3	+	+进栈
3	3，4	+	4 进栈
4	3，4	+，*	*进栈
5	3，4，5	+，*	5 进栈
6	3，20	+	*，5，4 出栈；20 进栈
7	23		+，20，3 出栈；23 进栈
8	23	-	-进栈
9	23，6		6 进栈
10	23，6	-，/	/进栈
11	23，6，2	-，/	2 进栈
12	23，3	-	/，2，6 出栈；3 进栈
13	20		-，3，23 出栈；20 进栈

习 题 五

1. 列举你所知道的程序设计语言。

2. 简述面向对象语言的对象、类、封装性、继承性和多态性。

3. 简述语言处理程序。

4. 简述编译过程。

5. 采用算符优先分析法分析表达式 21 + 16 − 14/2 + 3*12，写出分析过程及分析结果。

*6. 编写程序实现算法优先分析法。

实验部分

第六章　Windows 操作系统

6.1　基 本 概 念

6.1.1　操作系统

操作系统(Operating System，OS)是为了方便用户高效地操作计算机而设计的。

操作系统是计算机系统中最基础、最核心、最重要的系统软件，其主要功能是控制和管理计算机系统中的软、硬件资源，合理地组织计算机工作流程，为用户提供一个与计算机进行交互的接口。

曾在 PC 系统上风光亮相的操作系统有 DOS，UNIX，OS/2(IBM)，Windows，Macintosh OS(Apple)，Linux 等。不同的机器可以使用相同的操作系统，而同一机器也可以使用不同的操作系统。

Windows 作为美国微软公司推出的操作系统，以其形象化的操作对象和图形化的用户界面方便了用户的学习和使用。Windows 7 是微软公司于 2009 年 10 月推出的操作系统，它沿袭了 Vista 尽可能地贴近用户的诸多人性化元素，又充分继承了 Windows 2000 的可靠性、稳定性、安全性和易管理性的特点，成为目前被广泛使用的操作系统之一。

6.1.2　硬件与软件

通常，完整的计算机系统包括硬件和软件两部分。

硬件是看得见，摸得着的计算机装置，是计算机系统的"躯干"，包括必不可少的主机和可根据需要增删的外部设备。

软件是程序、数据和相关文档的集合，是计算机系统的"大脑"，可大致分为系统软件和应用软件两大类。系统软件主要用于管理计算机系统中的各种资源，支撑硬件和应用软件的正常运作；应用软件则多是针对某种具体要求，完成既定目的，实现特定用途。

6.1.3　文件与文件夹

文件是按一定格式存储在外存上的具有完整逻辑意义的信息集合。

任何文件都有文件名，系统通过文件名对文件进行存取。文件名包括文件名和扩展名两个部分，用"."分隔，即形如"文件名.扩展名"。文件名是用户设定的，符合命名规则的文件名称。文件名最多 255 个字符(1 个汉字等于 2 个字符)，且不允许使用 9 个字符(? *" \ / : # <>)。扩展名则一般由创建文件的应用程序设定，以表示文件类型。不同类型的文件，采用不同的应用程序处理。例如，.mp3、.txt 和 .jpg 分别表示音频文件、文本文件和图像文件，分别使用与文件类型相符的应用程序访问。因此，用户不能随意更改扩展名。

文件夹，也称为目录，它是一种特殊的文件，用于组织和管理其它文件。一个文件夹可以包含多个不同名的文件甚至是文件夹。

6.1.4　文件系统

文件系统是操作系统中专门负责存取和管理外存上文件信息的软件。在文件系统管理下，用户可以按名存取文件，而不必了解文件存储在外存的什么位置上、如何进行存取等硬件实现细节，用户也可以通过命令方便地操作文件，例如，新建文件、打开文件、保存文件等。

Windows 支持的文件系统有 FAT(File Assignment Table)、FAT32 和 NTFS(Network Transfer File System)。FAT 是早期采用的文件系统，只能管理小于 512 M 的磁盘。FAT32 是 FAT 的改进，可以管理大于 512 M 的磁盘。NTFS 具有前面两种文件系统的基本功能，并有更好的磁盘压缩性和安全性，能管理最大 2 TB 的磁盘。

6.1.5　驱动器与盘符

驱动器是可读写信息的硬件，它用一个大写英文字母进行标识。这个字母被称为盘符。当我们对硬盘进行分区后，仍然可用盘符来标识不同的分区。

6.1.6　硬盘分区与硬盘格式化

硬盘分区是指在一块硬盘上创建多个独立的逻辑分区，以提高硬盘的利用率，并有效管理硬盘数据。每个分区有一个从"C"开始的编号，称为盘符。例如，一个 120 GB 的硬盘，可以分成 20 GB、40 GB、60 GB 三个分区，分区盘符依次是 C、D、E。

外存除了硬盘之外，还有软盘、光盘、U 盘等，这些连入计算机也有对应的盘符。通常，软盘驱动器的盘符为 A 或者 B，其它驱动器的盘符紧跟硬盘分区的盘符。

硬盘在出厂时已经进行了低级格式化，即在空白硬盘上划分柱面与磁道，再将磁道划分为若干扇区。这里所说的硬盘格式化是高级格式化，即清除硬盘数据，初始化分区并创建文件系统。硬盘上不同的分区相互独立，经过格式化后可以各自支持独立的与其它分区不同的文件系统。

6.1.7　路径

路径描述文件的逻辑位置用于定位文件，实现按名存取文件。路径分为绝对路径和相对路径两种。

绝对路径是从盘符开始找到该文件的完整路径，它由盘符、文件夹名、文件名顺序组成。例如，D:\作业\计算机导论\实验 1.docx。

相对路径则是从当前位置开始，直到找到该文件的路径。它可能不会包含盘符，但一定会涉及两个标识"."和"..."，前者表示当前目录，后者表示上一级目录。例如，设当前位置是 D:\作业\高级语言程序设计，则上述文件的相对路径为..\计算机导论\实验 1.docx。

6.1.8　资源管理器

资源管理器对应程序 explorer.exe，是 Windows 提供给用户管理计算机系统中所有资源的工具。

6.1.9　剪贴板

剪贴板是内存中的一个临时存储区域，提供不同的应用程序之间进行信息交换的一种方法。

6.2　系统基本操作

本章将以 Windows 7 Ultimate 为例来介绍操作系统的基本操作。Windows 7 旗舰版属于微软公司开发的 Windows 7 系列中的终结版本，其功能最为完善，当然硬件要求也是最高的。

32 位系统的最低配置为：处理器主频至少 1 GHz；内存至少 1 GB；显存至少 128 MB；硬盘至少 16 GB。64 位系统的最低配置为：64 位处理器，主频至少 1.6 GHz；内存至少 2 GB；显存至少 512 MB；硬盘至少 20 GB。二者都需要带有 Windows Display Driver Model(WDDM)1.0 或更高版本驱动程序的 DirectX 9 图形设备。

6.2.1　安装、启动与退出

1. 安装

Windows 7 Ultimate 系统支持多种安装方法。

(1) U 盘安装。用官方提供的工具或者 UltraISO 将系统镜像写入 U 盘，从 BIOS 中设置 U 盘启动，之后可以像光盘一样安装。注意 32 位版本至少要 4 GB 的 U 盘，64 位则至少要 8 GB。

(2) 硬盘安装。在 Windows 系统下，解压下载的 ISO 文件到硬盘上任意一个非系统分区，要注意解压至该分区根目录下，而非某个子目录下。运行 SETUP.EXE，选择"安装Windows"。

(3) 光盘安装。在 BIOS 中设置光驱启动，若是新装系统，选择第一项即可自动安装到硬盘第一分区；若是重装系统可选择"自定义安装"来人工干预安装位置。

2. 启动

启动操作系统就启动了计算机系统，是把操作系统的核心程序从启动盘调入内存并执行的过程，包括了计算机系统的启动和用户的登录两个过程。

启动计算机系统有三种常见形式：冷启动、重新启动和复位启动。冷启动也称加电启动，是计算机系统处于未通电状态下的启动方式。接通计算机电源后系统将进行自检，然后进入可交互的操作界面。"关闭计算机"对话框中的"重新启动"是当计算机系统已经不能正常工作，或希望经调整后的系统配置生效时，对操作系统进行重新载入的启动方式。当系统对鼠标和键盘等外部设备无法响应，需要重新启动计算机系统时，可以采用复位启动。复位启动通常使用计算机的"reset"复位键来实现。

通常，用户登录都会用到账号和密码。账号和密码都区分大小写，且密码应该数字与字符混用以提高安全性。使用系统默认账户和密码的用户将直接进入桌面；设置过账户和密码的用户必须输入与账户相对应的密码才能进入桌面。

3. 退出

安全退出操作系统有两种常见方式：注销和正常关机。

Windows 是一个支持多用户的操作系统，既允许多个用户拥有公共资源，也允许不同用户拥有自己个性化的设置，如桌面、菜单等。注销是系统提供的一种用户不需要关机就可以安全退出操作系统的功能。如果系统要退出工作状态，则必须正常关机。因为在系统运行期间，系统在硬盘上创建了许多临时文件，只有正常关机，系统才会删除这些临时文件并处理其它一些系统"杂务"，避免损坏系统。

6.2.2 鼠标

鼠标作为计算机系统中的主要输入设备，可以增强或替代光标移动键和其它一些键的功能，在屏幕上快速、准确地移动和定位光标。

1. 鼠标的分类

根据鼠标的工作原理，可以将鼠标分为机械鼠标和光电鼠标。机械鼠标的底部安装有一个可以自由滚动的小球，通过其来回滚动移动鼠标，鼠标内的滚轴和传感器将小球运动的速度、距离和方向等信息传递给计算机，以确定光标在显示器上的具体位置。光电鼠标利用一块特制的光栅板作为位移检测元件，其内部有一个发光元件和两个聚焦透镜，通过鼠标底部光线的反射来判断鼠标移动的速度、距离和方向等光标定位所需的参数。

根据鼠标与计算机的通信方式，可以将鼠标分为有线鼠标和无线鼠标。有线鼠标以电线连接计算机进行通信，操作距离受线长限制。无线鼠标采用无线技术与计算机进行通信，距离一般为 3～10 米。无线鼠标通常需要在计算机上安装一个信号收发装置(可以是软件也可以是硬件)。

此外，还有一些鼠标的变体也可实现光标定位。如轨迹板(trackpad)，又称触摸板，手指在其上移动时，光标将跟随在屏幕上作相应移动。笔记本电脑中通常都内嵌了轨迹板。

2. 鼠标的基本操作

(1) 移动操作。移动操作指把鼠标移到某个操作对象上(如文件、按钮等)。通常用于激活该对象的某些附加功能，如最常见的"显示提示/说明信息"。

(2) 左键操作。左键也称拾取键。单击通常表示选中或选定对象；双击，要求在可操作对象上连续并快速地完成，以启动或运行该对象；拖动，是指在可操作对象上按住鼠标左键不放，拖动对象到新位置后释放的操作，常用于复制和移动对象、改变窗口大小等操作中。

(3) 右键操作。右键也称菜单键。单击可打开该对象所对应的快捷菜单。

(4) 滚轮。可用于在支持窗口滑块滚动的应用程序中实现滚动查看窗口中内容的功能。滚轮并非鼠标的标准配置部件。

3．鼠标的设置

根据个人习惯不同，用户可打开"控制面板"→"鼠标"，在"鼠标 属性"对话框中根据需要设置鼠标。如在鼠标键标签中将鼠标设置成左手习惯，或在指针标签中设置鼠标的屏显状态，或在轮/滚动标签中设置滚轮的操作粒度，即滚轮每次滚动划过的行数。

6.2.3　键盘

键盘是最早使用的输入设备之一，现在也仍然是输入文本和数字的标准输入设备。键盘样式多种多样，但基本操作键的布局和功能基本相同。

1．键盘基本操作键

(1) 字符键。字符键包括字母键、数字键、空格键和符号键，主要用于输入字符。

(2) 控制键。控制键主要包括下列按键：

① Backspace(回格键)，主要用于删除前一字符。

② Enter(回车键)，主要用于换行。

③ Shift(上挡键)，主要用于输入某一按键的上排字符或者切换大写/小写字母。

④ Caps Lock(大写锁定键)，主要用于锁定大写字母。

⑤ Ctrl(控制键)，主要用于配合其它按键，发出命令，例如 Ctrl + C(复制)。

⑥ Alt(换挡键)，主要用于配合其它按键，发出命令，例如 Ctrl + Alt + Delete(打开任务管理器)。

⑦ Esc(退出键)，主要用于退出某个状态。

⑧ Tab(制表键)，主要用于右移光标至下一跳格位置。

(3) 编辑键。编辑键主要包括下列按键：

① Insert(插入)，主要用于切换插入/替换模式，如果是插入模式，则插入输入字符；如果是替换模式，则输入字符替换后一字符。

② Delete(删除)，主要用于删除后一字符。

③ Home(起始)，主要用于移动光标至行首。

④ End(结束)，主要用于移动光标至行尾。

⑤ Page Up(上页)，主要用于向上翻页。

⑥ Page Dn(下页)，主要用于向下翻页。

⑦ ←→↑↓(光标移动键)：主要用于向上、下、左、右移动光标。

(4) 功能键。功能键包括F1～F12，主要用于发出命令，例如，F1(打开帮助)。

(5) 小键盘。小键盘的按键都是重复设置的，主要用于快速输入数字。其中，Num Lock用于锁定数字。

2．键盘基本指法

使用键盘时，左手食指的起始位置是 F 键，右手食指的起始位置是 J 键，其它手指(除拇指外)的起始位置依次摆放。每个手指都有对应管辖的按键区，如图 6-1 所示。例如，左手食指管辖的字母键有 F、G、R、T、V、B。

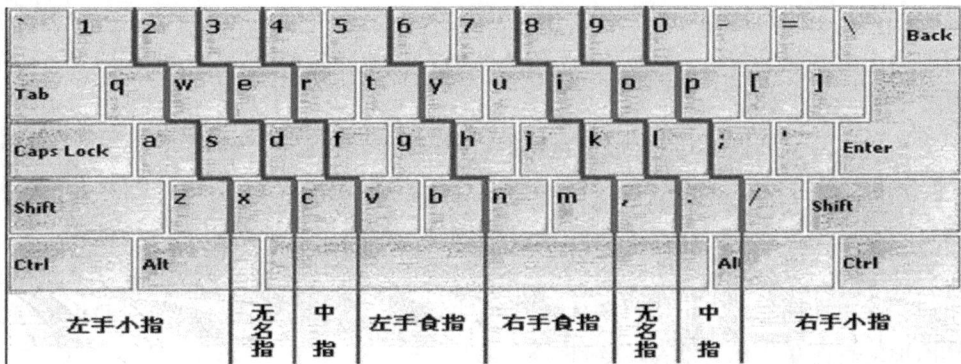

图 6-1　键盘分区示意图

3．键盘组合键

键盘上某些按键的组合使用，能实现一些特定的功能。这些常用的按键组合命令，也称键盘快捷键。常用快捷键有以下几个：

① Ctrl + C(复制选中内容到剪贴板)；

② Ctrl + V(将剪贴板中内容粘贴到指定位置)；

③ Ctrl + Alt + Del(打开任务管理器)；

④ Alt + Tab(按住 Alt 并反复按 Tab 键，可使用窗口图标进行窗口切换)；

⑤ Alt + F4(关闭当前窗口)；

⑥ Alt + PrintScreen(复制当前窗口的内容到剪贴板)。

4．键盘的设置

若需要对键盘的响应速度等属性进行设置，用户可以打开"控制面板"，在其主页的右上角处选择"查看方式"为"大/小图标"，然后点击"键盘"图标，即可在打开的"键盘属性"对话框中设置键盘参数。

6.2.4　桌面

桌面是系统的屏幕工作区，也是系统与用户交互的平台。桌面一般包括桌面图标、桌面背景、开始按钮与任务栏。

1．桌面图标

系统使用图标来表示各种资源，如文件、文件夹、磁盘驱动器、打印机等。图标由图片与文字说明两部分组成。

桌面图标包括系统图标和用户图标两种。系统图标是常用系统资源对应的图标，包括"计算机"、"用户的文件"、"网络"、"回收站"、"控制面板"等。用户图标则是用户根据需要，在桌面上创建的文件或者它们的快捷方式。

快捷方式是扩展名为 .lnk 的文件，是一个指向某个对象的指针，而不是这个对象本身，所以删除快捷方式并不会删除对象。这里的对象可以是文件或者设备等计算机资源。

"计算机"、"用户的文件"、"网络"、"回收站"、"控制面板"都是系统文件夹。打开"计算机"可以访问系统的所有外存及其上的文件。"用户的文件"是系统默认的用户保存文件的文件夹，不同用户拥有独立的"用户的文件"。当用户接入网络时，通过"网络"可以访问网络上的其它计算机。"回收站"用于临时存放被删除的文件，在"回收站"中的文件可以被还原或彻底删除。

用户还可以对桌面图标进行排列。打开桌面快捷菜单，选择"排序方式"下的菜单项。例如，如果选择"大小"，则图标按文件大小排序。如果选择"查看"下的"自动排列图标"，则图标自动左上对齐排列，用户不能自由拖动图标。如果用户拖动图标出现重叠，可以选择"将图标与网格对齐"。

用户删除桌面图标时，可以将图标拖到"回收站"，或者选中图标后使用 Delete 键，或者选择图标快捷菜单中的"删除"按钮。

用户也可以添加桌面图标。如果添加系统图标，在桌面空白处单击鼠标右键，在打开的快捷菜单中选择"个性化"选项，选择左侧"更改桌面图标"打开"桌面图标设置"对话框进行设置。如果创建对象的快捷方式，则可以配合 Ctrl + Shift 键拖动对象至桌面。

2．桌面背景

用户可以更改桌面背景图片。最简单的方式是打开喜欢的图片的快捷菜单，选择"设置为桌面背景"选项。也可以打开桌面快捷菜单选择"个性化"，在打开窗口下部单击"桌面背景"进行设置。

3．"开始"按钮

"开始"按钮是执行程序的最常用方式。单击"开始"按钮得到如图 6-2 所示"开始"菜单。

默认情况下，菜单左侧上方列出固定程序，左侧中部则列出随时间动态改变的用户的常用程序，左侧下方是"所有程序"菜单项，可列出系统当前安装的大部分程序，左侧最下方是"搜索"框；右侧最上方有一个代表当前用户的图标，其下列出经常使用的 Windows 程序选项(启动菜单)，右侧中下部是系统辅助功能，右下方是关闭选项按钮区。

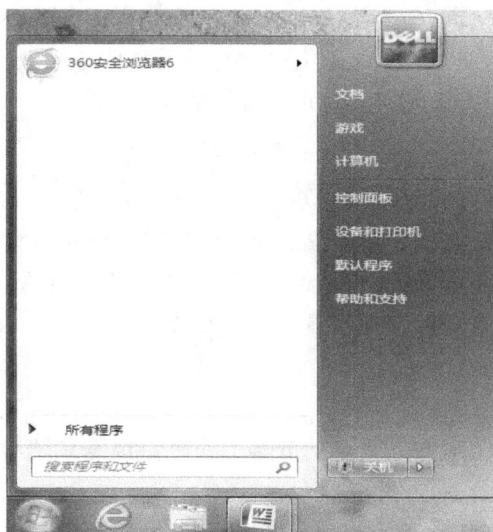

图 6-2　"开始"菜单示意图

4．任务栏

默认情况下，任务栏位于整个桌面的底部，包括快速启动栏、工作任务栏、语言栏和通知区域。快速启动栏可将程序锁定在任务栏上，通常包括浏览器、多媒体播放器、库文件夹等；工作任务栏列出当前运行的程序，单击它们可以切换程序窗口；语言栏列出允许使用的输入法；通知区域用于显示一些常驻内存的程序图标，如系统时钟。

在任务栏空白区域右键单击得到快捷菜单，选择"属性"，打开"任务栏和'开始'菜单属性"对话框，在"任务栏"标签中进行任务栏设置。若在快捷菜单中取消"锁定任务栏"选项，则可用鼠标将任务栏拖动到屏幕四周任意边界处停靠。

6.2.5　窗口

窗口是 Windows 最基本的用户界面。通常，启动一个应用程序就会打开它的窗口，而关闭应用程序的窗口也就关闭了应用程序。Windows 7 中每个窗口负责显示和处理一类信息。用户可随意在不同窗口间切换，但只会有一个当前工作窗口。

1. 窗口的基本组成

如图 6-3 所示，窗口由控制按钮、地址栏、搜索栏、菜单栏、工具栏、资源管理器、滚动条、工作区、状态栏、边框等组成。

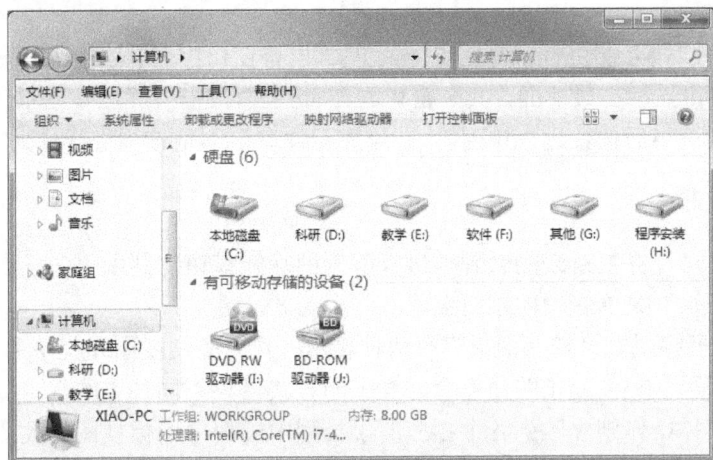

图 6-3　窗口示意图

(1) 控制按钮。窗口左上角的控制按钮可以打开控制菜单，右上角的控制按钮可以最小化、最大化/还原和关闭窗口。

(2) 地址栏。显示窗口内容所处的位置，它可以是一个绝对路径或者网址。

(3) 搜索栏。系统提供的筛选器，可以设置搜索选项。

(4) 菜单栏。菜单栏分类列出窗口的所有命令。通常，选择某个菜单项就发出了相应命令。然而，有的菜单项会弹出对话框收集信息之后才执行相应命令；有的菜单项会有级联子菜单；有的菜单项归为一组，只能选择其一，称为单选菜单项，选中的菜单项用●标识；有的菜单项也归为一组，可以选择多个，称为复选菜单项，选中的菜单项用√标识；此外，灰色菜单项为当前不可用菜单项，而黑色菜单项为当前可用菜单项。

(5) 工具栏。工具栏列出了选择对象的常用命令。

(6) 资源管理器。资源管理器以资源树的形式展开系统资源，有利于掌控全局与局部的关系，便于资源跳转。

(7) 滚动条。当工作区不能完整显示窗口内容时，窗口右侧和底部就会分别出现垂直滚动条和水平滚动条。

(8) 工作区。工作区指显示和处理窗口内容的区域。

(9) 状态栏。状态栏用于显示窗口或所选对象的状态信息。

(10) 边框。边框指窗口边界。

2．窗口的基本操作

窗口的基本操作包括：最小化、最大化/还原、打开、关闭、改变大小、改变位置、切换、排列等。

(1) 当鼠标指针移动到边框且形状变成双箭头时，按住左键不放，拖动边框可以改变窗口大小。当指针移动到窗口上部有色横幅处时，按住左键不放，可以拖动窗口到其它位置。

(2) 当打开多个窗口时，亮色窗口为当前窗口，可以切换窗口为当前窗口。切换窗口可以通过单击窗口可见区域或者任务栏上的对应按钮，也可以使用键盘上的组合键"Alt + Tab"。

多个窗口的排列可以使用任务栏快捷菜单。"层叠窗口"菜单项使所有窗口以层叠的形式显示，当前窗口显示在最前面，其余窗口均能看到其标题栏；"堆叠显示窗口"菜单项将所有窗口按比例缩小后按行进行排列；"并排显示窗口"则是按列进行排列。

6.2.6　控制面板

控制面板是对计算机系统的软硬件进行配置的功能模块，其中包含了一系列的管理程序。可以从"开始"菜单启动控制面板。

Windows 7 所提供的"控制面板"有两种显示方式：类别视图和程序图标视图。其中，类别视图方式采用了类似或相关任务合并显示的方式，将不同种类的常用操作用一个标签罗列出来，其具体操作则分散到各个相应的子类型中；程序图标视图有大图标和小图标两种形式，在此模式下，控制面板中所涉及的各个操作均以自己单独的标签显示。

下面介绍几个常用操作。

1．查看系统属性

通过单击控制面板中的"系统和安全"下的"查看您的计算机状态"，或者选择"计算机"快捷菜单中的"属性"，即可查看有关计算机的基本信息，例如，计算机名、安装的操作系统类型、版本等。

2．设置个性化桌面

设置个性化桌面最简单的方法是在空白桌面上单击鼠标右键，在打开的快捷菜单中选中"个性化"进入控制面板的相关界面。当然，也可以直接打开控制面板中的"外观和个性化"来完成相关设置。

3．设置系统时间

进入控制面板的"时钟、语言和区域"，通过"日期和时间"选项下设各选项即可设置系统时间。或者直接单击通知区域中的"日期和时间"，选择"更改日期和时间设置"选项完成操作。

4．设置输入法

Windows 7 允许用户在系统中自行安装、添加、删除输入法，并对它们进行设置。

获得一个输入法安装包后，双击安装文件即可启动其安装向导，在其引导下完成新输入法的安装。输入法安装完成后，会自动添加到语言栏。若要删除这类输入法，需要使用对应的卸载程序。

如果要添加/删除的输入法是系统自带的，就不涉及安装/卸载，直接操作即可。方法是打开控制面板"时钟、语言和区域"下的"更改键盘或其它输入法"对话框，在"键盘和语言"标签下单击"更改键盘"按钮，在打开的"文本服务和输入语言"对话框的"常规"标签中使用"添加"/"删除"按钮进行操作，或者选择语言栏快捷菜单中的"设置"，同样可以打开"文字服务和输入语言"对话框。

用户可以在不同输入法之间进行切换。默认情况下，按"Ctrl + Space"组合键可以打开/关闭中文输入法，按"Ctrl + Shift"组合键可以在不同输入法之间循环切换。当然，也可以通过语言栏实现上述操作。此外，用户还可以为某个输入法设置热键以便快速切换到该输入法。方法是选择"文字服务和输入语言"对话框的"高级键设置"标签，选中要设置的输入法，单击"更改按键顺序"按钮来完成设置。若用户习惯使用某种输入法，也可以在"高级键设置"标签中将其设置为默认输入法。

5. 安装新字体

以图标方式查看控制面板时，能看到"字体"图标，单击打开"字体"设置窗口，其中显示了系统可以使用的所有字体文件。将要安装的字体拖动到"字体"设置窗口可以实现对该字体的安装。事实上，"字体"窗口对应系统根目录下 Windows 文件夹中的 Fonts 文件夹，所以直接将新字体文件复制到 Fonts 文件夹也可以实现新字体的安装。当然，如果删除 Fonts 文件夹中的某个字体文件，则对应字体也就删除了。必须注意的是，有三类字体文件最好不要删除：扩展名为 .fon 的屏幕字体、扩展名为 .sys 的系统字体以及系统默认使用的字体，例如默认中文字体为"宋体"，默认西文字体"Times New Roman"等。

6. 管理用户账户

Windows 7 支持多用户，而不同用户可能要求拥有独立的工作环境和不同的系统操作权限，这可以通过控制面板中的"用户账户和家庭安全"进行管理。

通常，管理员"Administrator"和访问者"Guests"是系统安装时就创建好的账户。管理员拥有最高的系统操作权限，可以管理系统中所有资源，包括创建和删除账户。访问者只允许非常有限地使用系统资源。除管理员和访问者外，其它账户都是由管理员创建并授权的。

新创建的用户有两种类型：标准用户和管理员。标准用户可以执行几乎所有的操作，但若其操作涉及该计算机其它用户则无权执行。管理员用户则无任何限制。所以一般创建的新用户多为标准用户。

对一个已存在的用户，通过单击控制面板的"用户账户和家庭安全"类别中的"添加或删除用户账户"，可对选中的用户进行名称、图片、密码、账户类型和用户账户控制的设置。用户账户控制，简称 UAC，是 Windows 7 提供的一个安全特性，它会在用户更改系统设置或安装卸载软件，影响到系统安全和稳定的时候，自动弹出提示用户系统要进行的操作。

创建过多用户会影响系统效率，所以应该及时删除不需要的账户。删除账户必须具备管理员权限，在"用户账户和家庭安全"的"用户账户"下完成选中账户的删除。

Windows 7 新增了家长控制功能来对特定用户的计算机使用时间和方式进行管理。例如限制孩子使用计算机的时段、限制可以运行的程序等。

7．安装与卸载程序

简单的文件拷贝不能取代程序安装，而简单的文件删除也不能取代程序卸载。

一般情况下，应用程序的安装大致包括这么几个阶段：运行软件的安装主程序、阅读并同意安装使用协议、选择安装路径或要安装的内容(程序组件)、确定安装。有些收费软件可能还要求注册码或产品序列号等信息。

卸载程序时可以使用软件自带的卸载程序，也可以使用控制面板下"程序"类的"程序和功能"中"卸载程序"来完成。

若要安装与卸载的是系统自带的程序，如"纸牌"游戏，则可直接使用"程序和功能"中"打开或关闭 Windows 功能"来完成系统组件的添加与删除。

8．硬件管理

计算机硬件是整个计算机系统运行的基础。最基本的硬件管理包括：查看硬件设备型号，硬件的安装与卸载。

获得硬件设备型号可以直接查阅其说明书，也可以直接在系统里查看。打开"控制面板"→"系统和安全"→"系统"→"设备管理器"，在打开的设备管理器窗口中会显示所有硬件配置。单击希望查看的设备所属类别，将列出所有可识别的该类设备，在要查看的设备条目上右键单击，选择"属性"，即可查看该设备的具体信息。

硬件若是即插即用设备，其安装和卸载都很简单，用户无需干预，由系统自动完成。若非即插即用设备，则安装和卸载过程会稍微复杂一点。下面来说明非即插即用型硬件的安装与卸载。

非即插即用型硬件的安装主要包括两步：硬件接入计算机和对应驱动程序的安装。通常前者不是问题，要注意的主要是后者。若有硬件自带的驱动程序，直接安装即可；若没有，可以使用"驱动精灵"等软件分析系统后从网络上下载相应的驱动程序进行安装。

硬件的卸载与安装相对应，也包括两步：卸载驱动程序和移除相应硬件。其实，通常只要驱动程序卸载了，该硬件也就不能用了。卸载驱动程序可以通过设备管理器来完成，其方法是：在打开的设备管理器窗口中，右键单击要卸载的设备，选择快捷菜单中的"卸载"即可。当然，也可以使用"驱动精灵"等软件来完成卸载。

6.3　文件基本操作

Windows 中的文件夹是一种特殊的文件，一般也可以作为文件来处理。

6.3.1　浏览与选择

浏览即打开文件看内容。对于文件来说，根据其类型不同可使用相应的应用程序打开。对于文件夹来说，即将在打开的窗口中看到一个"目录"——该文件夹中收藏的文件情况。

至于"目录"的样式，可以通过快捷菜单中的"查看"选项，设置为图标、列表、详细信息、平铺或内容五种之一的形式，然后在形式确定的情况下，通过"排序方式"选择按名称、按大小等排列文件。在"详细信息"方式下，还可以通过单击列标题排列文件。

通常，浏览文件的目的是要操作文件，而在对文件进行操作之前必须要选择文件。

选择文件可以使用鼠标配合键盘实现。单击可以选择单个文件；选择多个连续文件，可以使用鼠标拖拽出一个包含这些文件的区域来实现，也可以按住 Shift 键，单击第一个文件，再单击最后一个文件来实现；选择多个不连续文件，按住 Ctrl 键，单击各个文件来完成；使用"Ctrl+A"组合键，或者"编辑"菜单中的"全部"选项可以选择窗口中所有文件；使用菜单栏中的"反向选择"可以重新选择被选中文件以外的其它文件；取消所选文件，只需单击窗口空白处。

6.3.2　查看与重命名

右键单击某文件可以打开该文件的快捷菜单。选择"属性"，打开对话框查看文件的名称、位置、大小、创建时间、只读、存档、隐藏等属性。如果用户权限允许，还可以修改文件的其它属性。

显然，可以通过上面介绍的文件属性对话框重命名文件。然而，更常用的方法是直接使用文件快捷菜单中的"重命名"选项。

要注意的是，重命名不能随意更改原来的扩展名。

6.3.3　复制与移动

文件复制可以使用快捷键、菜单和鼠标拖拽来完成。在源文件夹中选中文件后，按下"Ctrl + C"组合键把它们复制到剪贴板，然后在目标文件夹中，按下"Ctrl + V"组合键将它们粘贴到目标文件夹。使用菜单完成文件复制与上述过程类似，区别在于快捷键变成菜单项。使用鼠标拖拽也可以完成文件复制，需要同时打开源文件夹和目标文件夹。如果两者在不同驱动器下，则将文件从源文件夹直接拖动到目标文件夹中即可；如果两者在同一驱动器下，则在拖动文件的同时按住"Ctrl"键不放即可。

文件移动与文件复制类似，二者的区别是文件复制在源文件夹中保留原文件，而文件移动则不保留。文件移动的快捷键是"Ctrl + X"与"Ctrl + V"，即先"剪切"后"粘贴"。使用鼠标拖拽完成文件移动也需要同时打开源文件夹和目标文件夹。如果两者在同一驱动器下，则将文件从源文件夹直接拖动到目标文件夹中即可。如果两者在不同驱动器下，则在拖动文件的同时按住"Shift"键不放。

6.3.4　删除与还原

删除文件有两种情况，一种是将文件删除到回收站，还有机会还原，也可以进一步彻底删除；另一种是彻底删除。通常，选中文件后，按下"Delete"键或者选择"删除"按钮，是将其删除到回收站；按下"Shift + Delete"组合键，则是彻底删除。

放入回收站中的文件可以还原。

6.3.5　新建

通常，新建文件由相应的应用程序完成。例如，运行"记事本"程序，输入内容并保存到"库"中，这实际上就在"库"中新建了一个文本文件。此外，通过快捷菜单或者菜单栏中的"新建"，也可以新建一个系统支持的文件。

6.3.6　搜索

当用户不能确定文件位置时，可以进行文件搜索。通过开始菜单或窗口中"搜索栏"进行搜索。用户可根据需要设置一系列搜索条件。

6.3.7　创建快捷方式

在文件快捷菜单中选择"创建快捷方式"，即可在当前文件夹中创建该文件的快捷方式。如果选择"发送到"→"桌面快捷方式"，则可在桌面上创建该文件的快捷方式。

要注意的是，并非所有文件都适合创建快捷方式。

6.3.8　压缩

进行文件压缩的目的是使文件占用的磁盘空间变小或者将多个文件打包成一个文件。常见的压缩文件有两类，一类是 .zip 或者 .rar 等后缀的普通压缩文件，另一类是 .exe 自解压文件。其中，普通压缩文件需要专门的压缩软件来进行解压缩，而 .exe 文件可以实现不依赖于压缩软件的自动解压缩。

6.4　实　　验

6.4.1　基本实验

➢ **实验 1　鼠标与键盘**

 ● **实验目的**

(1) 了解鼠标和键盘的类型和特点。

(2) 掌握鼠标和键盘的正确操作。

(3) 设置鼠标和键盘，使之符合自己的使用习惯。

 ● **实验内容**

(1) 使用鼠标执行下列操作：

① 打开"回收站"。

② 设置"回收站"为"不显示删除确认对话框"。

③ 将"回收站"放置在桌面右上角。

 ● 正确使用键盘：

① 下载一个打字软件练习键盘指法。

② 在新建文本文件"实验 1.txt"中记录你能熟练使用的键盘快捷键。

➢ **实验 2　了解自己的系统**

 ● **实验目的**

掌握查看系统信息的方法。

 ● **实验内容**

(1) 在新建文本文件"实验 2.txt"中记录以下信息：

Windows 版本、系统类型、处理器、内存、计算机全名

(2) 在"实验 2.txt"中继续记录以下信息：

声卡型号及产商、显卡型号及产商、网卡型号及产商

➤ **实验 3 定制自己的工作环境**

● **实验目的**

掌握桌面、任务栏和"开始"菜单的设置。

● **实验内容**

① 设置在"开始"菜单中不显示项目"控制面板"和"帮助"。

② 设置任务栏为"自动隐藏任务栏"样式。

③ 设置桌面背景为文件夹"示例图片"中的图片，并能每半小时自动更换。

④ 搜索程序"notepad.exe"，在新建文本文件"实验 3.txt"中记录其绝对路径。

⑤ 在桌面上为程序"notepad.exe"创建一个快捷方式，重命名为"我的记事本"，更改图标为文件 C:\WINDOWS\explorer.exe 中的图标"⚠"。

⑥ 删除桌面上"回收站"图标，然后再次添加该图标到桌面。

➤ **实验 4 字符和汉字输入**

● **实验目的**

① 掌握特殊字符的输入。

② 掌握输入法的添加、删除与设置。

● **实验内容**

① 在新建文本文件"实验 4.txt"中输入下列字符：

(Wingdings)♋♌♍♎♏♐♑♒♓♈♉&●○■□❑□□◆◆❖❖⊠⊡⌘

② 将系统自带的汉字输入法删除；

③ 往系统中添加 QQ 拼音输入法和 QQ 五笔输入法，并将"QQ 五笔输入法"设置默认输入语言。

➤ **实验 5 安装与卸载程序**

● **实验目的**

① 掌握系统组件的安装与卸载。

② 掌握应用程序的安装与卸载。

● **实验内容**

① 查看 Windows 系统自带了哪些小游戏，确保游戏组件中只有"纸牌"可以使用。

② 若系统中没有 QQ 聊天工具，下载并安装它到硬盘的最后一个分区中。若有则将其卸载。

➤ **实验 6 文件与文件夹**

● **实验目的**

掌握文件与文件夹的使用。

● **实验内容**

① 在最后一个本地磁盘上以自己的学号新建文件夹(如"张民"同学的学号是

20110123，则"张民"同学将在最后一个本地磁盘上新建一个名为"20110123"的文件夹)。

② 在桌面上新建一个 Word 文件，重命名为"实验结果"；在桌面上新建一个文本文件，也重命名为"实验结果"。

③ 将前面实验所建的"实验 2"至 "实验 4"中结果复制到文本文件"实验结果"中，观察效果。

④ 将前面实验所建的"实验 2"至 "实验 4"中结果复制到 Word 文件"实验结果"中，观察效果。

⑤ 保存"实验结果"文件到文件夹"实验 1"中。

⑥ 将"实验 1"文件夹提交到"e-learning"的相应课程中。

6.4.2 扩展实验

➢ **实验 7   桌面小工具的设置**
  ● **实验目的**
  掌握 Windows 小工具的设置。
  ● **实验内容**
  ① 在桌面上添加"时钟"和"日历"工具。
  ② 把桌面"日历"工具删除。
  ③ 把"时钟"工具显示的时间设置为夏威夷时间。

➢ **实验 8   文件搜索**
  ● **实验目的**
  ① 掌握筛选器的使用。
  ② 掌握通配符的使用。
  ● **实验内容**
  ① 搜索"库"文件夹中有多少个 MS 开头的文件。
  ② 搜索"库"文件夹中有多少个文本文件。
  ③ 保存"搜索结果"截图到文件夹"实验 1"中。

➢ **实验 9   账户设置**
  ● **实验目的**
  ① 掌握用户账户的添加与删除。
  ② 掌握用户账户属性的设置。
  ③ 掌握家长控制功能。
  ● **实验内容**
  (1) 为系统添加一个"游戏"标准账户。
  (2) 设置"游戏"账户的密码为"9996669696"。
  (3) 为"游戏"账户添加家长控制。
  ① 只允许周一至周五晚上 8 点到 9 点使用计算机，周六与周日则为上午 9 点到晚上 9 点。
  ② 限制只能玩纸牌类游戏。

③ 保存"搜索结果"截图到文件夹"实验 1"中。

④ 将"实验 1"文件夹提交到"e-learning"的相应课程中。

6.4.3　学有余力

➤ **实验 10　了解硬件**

若要 DIY 一套台式电脑，需要购买哪些硬件？若对显示效果有特别要求，购买时要注意什么？

➤ **实验 11　了解软件**

对一台裸机进行系统安装，一般应该安装一些什么软件，它们各自的作用是什么？

➤ **实验 12　了解操作系统**

目前流行的操作系统有哪些，它们各有什么特点？

➤ **实验 13　了解兼容**

分别说明对计算机硬件及软件来说，什么叫兼容？向下兼容与向后兼容是一个概念吗？

第七章　Word 文字处理

　　Word 是微软公司推出的一款优秀的文字处理软件。它继承了 Windows 良好的用户界面，将文字处理与图表处理相结合，通过对输入内容进行排版，完成文字编辑。

　　本章介绍 Microsoft Office 2007 套装软件中的 Word 文字处理软件。

7.1　工　作　环　境

　　启动 Word 应用程序，进入 Word 窗口，该窗口如图 7-1 所示。除了与普通窗口一致的区域外，Word 窗口中还有些区域是文字编辑处理所特有的。

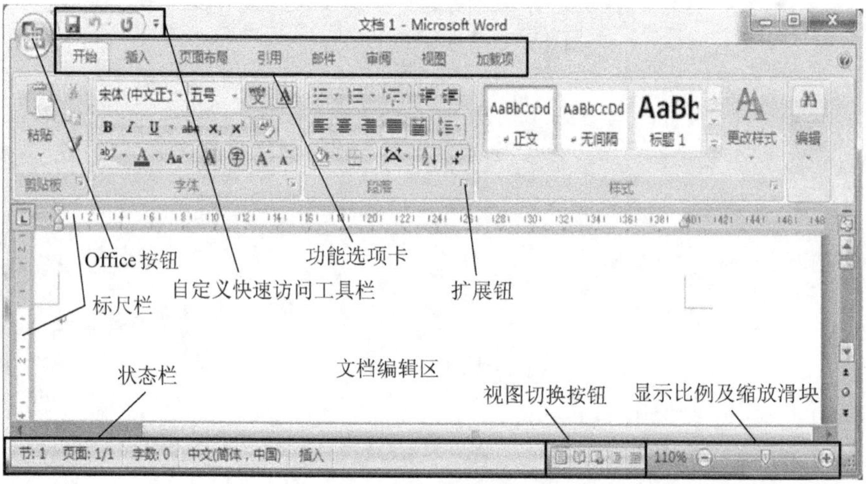

图 7-1　Word 窗口

1. Office 按钮

　　Office 按钮用于打开文档设置功能菜单，可以进行文档的新建、保存、准备部署等操作，还可以访问一些特殊选项，如 Word 选项。

2. 功能选项卡

　　功能选项卡是早先 Word 版本中工具栏和菜单栏的替代，其作用是把不同命令按照某种分类方式组合起来，形成特定主题，以方便使用。每个功能卡中都集中了一系列针对该类功能的工具，并将此类工具可设置选项隐藏在扩展钮中。用户无法更改功能卡的设置。

3．自定义快速访问工具栏

为弥补功能选项卡用户不能自定义的遗憾，自定义快速访问工具栏可以帮助用户适当个性化工作界面。单击工具栏右端箭头打开下拉列表，选择"其它命令"即进入"自定义"窗口。

4．标尺

Word 包括水平标尺和垂直标尺两种。标尺可用于显示正文位置，还可用于调整制表位和版面。用户可使用"视图"→"标尺"实现标尺的显隐。

5．文档编辑区

文档编辑区是输入文本、插入对象、制作表格和编辑文档的工作区域。

6．状态栏

状态栏用于显示文档相关信息。右键单击状态栏空白处，打开快捷菜单，从中选择希望在状态栏上看到的信息项。

7．视图切换按钮

视图切换按钮用于切换文档视图。通常，默认视图是"页面"视图。

8．显示比例与缩放滑块

显示比例区实时反映了当前文档与实际显示大小的关系，单击它可打开显示比例对话框。此外，显示比例也可以通过其右侧的缩放滑块来调整。

7.2　基　本　操　作

7.2.1　新建/打开文档

当直接启动 Word 时，Word 自动新建一个标题为"文档 1"的空白文档，用户也可使用 Office 按钮→"新建"来创建新文档。当人为新建文档时，"新建文档"对话框会提供多种文档模板来新建所需文档，如"报告"、"简历"、"信函"和"传真"等。

用户可通过双击 Word 文档启动 Word 并打开该文档，也可使用 Office 按钮→"打开"来指定要打开的文档。

7.2.2　输入文档内容

新建/打开文档后，在文档编辑区中可输入文档内容。

1．输入中英文

当中文输入法关闭时，通过键盘可输入英文；当中文输入法打开时，可输入中文。用户可通过语言栏或"Ctrl + 空格"组合键，开关中文输入法。

2．输入数字

打开"Num Lock"键，可使用数字小键盘输入数字。

3．输入符号

当输入某些键盘上没有的字符时，可使用"插入"→"特殊符号"或"符号"，如特殊字符§和⇞。

4．输入日期和时间

使用"插入"→"日期和时间"，可输入日期和时间。如选择了"日期和时间"对话框中的"自动更新"，则每次打开文档时，日期和时间都自动更新为当前系统时间。

5．制作超链接

使用"插入"→"超级链接"，可在文档中制作某个指定位置或文档的超链接。

6．自动替换

选择 Office 按钮→Word 选项→"校对"→"自动更正选项"按钮打开"自动更正"对话框，选中"键入时自动替换"，并确保替换条目存在，就可使用自动替换功能简化文本输入。例如，在文档中经常输入"Microsoft Office 2007"，可在"替换"框中输入"M7"，在"替换为"框中输入"Microsoft Office 2007"，单击"添加"将此条目添加到自动更正条目中。此后，在文档中输入"M7"并回车，Word 就会自动更正为"Microsoft Office 2007"。

7．插入/改写模式

在插入模式下，输入的文本插入到光标位置。在改写模式下，输入的文本替换光标后边的文本。

状态栏上可以显示输入模式。若显示为"改写"，表示当前处于改写模式，否则处于插入模式。通常，Word 处于插入模式，可使用"Insert"或双击状态栏上的"改写/插入"切换插入/改写模式。

8．回车换行

文本输入中可用"Enter"键产生一个"↵"符号，称为段落标记符或硬回车，标志段落结束进行换行。如需在一个段落中换行，可用"Shift + Enter"组合键产生一个"↓"符号，称为分行符或软回车。

如要显示段落标记符和分行符，可单击 Office 按钮→Word 选项→"显示"，选中"段落标记"。

7.2.3　文档编辑

文档编辑包括以下内容。

1．选择文本

(1) 使用鼠标选择文本。

① 按下左键拖动：可选中连续的文本。

② 双击左键：可选中一个单词或一个单位文本。

③ 三击左键：可选中整个段落。

④ 将鼠标移到文档编辑区左侧，指针呈"⌐"形时，单击可选中整行，双击可选中整个段落，三击可选中整篇文档。

(2) 使用键盘选择文本。

① Ctrl + A：选中整篇文档。

② Shift +←或 Shift +→：从当前光标位置开始，扩展选中前一字或后一字。

③ Shift +↑或 Shift +↓：扩展选中到上一行或下一行与光标对齐的位置。

④ Shift + Home 或 Shift + End：从当前光标位置开始，扩展选中到行首或行尾。

⑤ Ctrl + Shift + Home 或 Ctrl + Shift + End：从当前光标位置开始，扩展选中到文档首或文档末。

(3) 组合方式选择文本。

① Ctrl + 鼠标左键拖动：可选中不连续的文本。

② Ctrl + 单击鼠标：可选中当前光标所在的一整个句子。

③ Shift + Alt + 鼠标左键拖动：可从当前光标位置开始选中垂直文本块。

2．复制与移动

复制与移动的区别在于是否保留源内容。移动在复制与移动之前，都要选中源内容。将删除源内容。复制包括复制与粘贴两个命令；移动包括剪切与粘贴两个命令。选择"开始"→"剪贴板"→"复制"或直接使用"Ctrl + C"组合键启动复制命令，将源内容复制到 Office 剪贴板中；而"开始"→"剪贴板"→"剪切"或"Ctrl + X"组合键将启动剪切命令，它也将源内容复制到 Office 剪贴板中，并准备粘贴完成后删除源内容；启动粘贴命令可用"开始"→"剪贴板"→"粘贴"或"Ctrl + V"组合键，完成将剪贴板中的内容粘贴到目标位置。

使用鼠标拖动源内容也可以实现移动。如要复制，则要同时按下"Ctrl"键。

Office 剪贴板用于存放源内容，最多允许存放 24 个。单击"开始"→"剪贴板"区右下角扩展钮，可实现 Office 剪贴板的显隐。在 Office 剪贴板打开时，其中的各项源内容均可粘贴到目标位置，还可通过其下方"选项"列表设置剪贴板。

3．删除

删除包括两种：删除内容和删除格式。

"Backspace"键可删除当前光标前面的内容，"Delete"键则可删除光标之后的内容。此外，也可以先选中要删除的所有内容，用"Delete"键直接删除。

如要删除选中内容的格式，则可单击"开始"→"样式"区右下角扩展钮，打开"样式"任务窗格，选择"全部清除"，即可保留内容只清除格式。

4．查找与替换

单击"开始"→"编辑"→"查找"或"替换"选项，可打开"查找和替换"对话框，通过设置"查找内容"和"替换为"完成相应操作。还可通过"更多"按钮，设置"搜索选项"、"格式"、"特殊格式"等完成查找和替换的高级操作。

5．撤消与重复

当输入或编辑时发现操作有误，需要撤消时，可用"自定义快速访问工具栏"→"撤消"或使用"Ctrl + Z"组合键取消操作。

如撤消后又想恢复操作，也可用"自定义快速访问工具栏"→"恢复"或"Ctrl + Y"组合键来恢复操作。

7.2.4　修饰文本

文本的修饰，即文本的格式化，本质上是对组成文本的字符进行格式化，因此也称为字符格式化。

1．设置字体

设置字体主要是对字符的显示形状进行格式化。方法是：选中要进行格式化的文本，通过"开始"→"字体"区右下角扩展钮，打开"字体"对话框，设置下列各项：

(1) 字体。可分别设置中文字体和西文字体。例如，中文字体为宋体，而西文字体为Times New Roman。

(2) 字形。可设置为"常规"、"倾斜"、"加粗"或"倾斜加粗"中的一种。

(3) 字号。字号即大小，通常以"磅"或"号"为单位，1磅 = 1/72英寸。例如，小五号与9磅大小相当。当字号列表中没有所需字号时，可直接输入所需磅。例如，输入120后按"回车"键，将设置字号为120磅。

(4) 字体颜色。可更改字符颜色。

(5) 下划线线型/颜色。可为字符添加各种下划线效果。

(6) 着重号。可为字符添加点符号。

(7) 效果。可为字符设置如上、下标等特殊显示效果。

2．设置字符间距

在"字体"对话框中选择"字符间距"标签，可对字符缩放效果、间距和位置进行调整。

(1) 缩放效果。设置字符的横向缩放百分比。例如，缩放值为120%时，字符变得扁平。

(2) 间距。设置字符之间的距离。有"标准"、"加宽"、"紧缩"三种，如不能满足需要，可在"磅值"文本框中进行调整。要注意的是，默认单位是磅，如需单位是厘米，则应指明。例如，设置字符间距为0.2厘米时，应该输入"0.2厘米"。

(3) 位置。设置字符偏离基线的程度。可产生"上升"或"下降"的效果。偏离程度可在"磅值"文本框中设置。

3．设置边框和底纹

单击"开始"→"段落"→"下框线"下拉列表中的"边框和底纹…"，可设置边框和底纹效果，效果可应用于文字或段落，例如，边框和底纹是效果应用于文字或段落。此外，还可设置页面边框效果。

4．更改文字方向

要使用这一功能，最好先对这部分文本进行分节，避免影响其它文本。鼠标单击"页面布局"→"页面设置"→"文字方向"，可更改所选文字方向。要注意的是，该格式应用范围的限定。

5．更改字母大小写

使用"开始"→"字体"→"更改大小写"命令可更改字母的大小写。

6．为文本添加拼音

为文体添加拼音用于在文档中插入与文字相对应的拼音。方法是：选中文字，选择"开始"→"字体"区中的"拼音指南"，在对话框中输入或修改拼音，以及设置拼音的字体、大小和对齐方式。

例如：拼音指南添加拼音 效果。

7．制作带圈字符

用于在文档中插入一个带圈汉字。方法是：选中文字，选择"开始"→"字体"区中的"带圈字符"，在对话框中设置带圈样式。

例如：制作带圈字符效果。

8．设置首字下沉效果

首字下沉是将段落中开始几个文字放大下沉几行，产生引人注目的效果。方法是："插入"→"文本"→"首字下沉"。

9．简体字与繁体字的转换

有时候需要实现简体字与繁体字的相互转换，这类操作可通过"审阅"→"中文简繁转换"区各项命令来完成。

7.2.5　修饰段落

修饰段落是完成对段落整体布局的格式化，所以又称为段落格式化。

1．设置段落

设置段落是对段落的整个外观进行格式化。可通过"开始"→"段落"区扩展钮打开"段落"对话框，设置段落的对齐方式、缩进、行间距和段落间距、换行和分页、中文版式等。

(1) 段落对齐方式。

① 两端对齐：对齐左右缩进的边界，可能会使段落中不同行的字符间距不同。

② 居中对齐：相对左右缩进的边界居中，多用于标题等。

③ 右对齐：对齐右缩进的边界，多用于落款等。

④ 左对齐：对齐左缩进的边界，是 Word 默认的对齐方式。

⑤ 分散对齐：将行文字均匀地分散并两端对齐，它与两端对齐的不同之处在于段落最后一行，分散对齐容易造成字符间距过大。

(2) 段落缩进。

缩进是指段落相对左右页边距缩进一段水平距离。

① 左缩进：设置段落与左页边距的距离。正值表示缩进，负值表示突出。

② 右缩进：设置段落与右页边距的距离。正值表示缩进，负值表示突出。

③ 特殊格式：可选择其后的"度量值"是首行缩进还是悬挂缩进。其中，首行缩进指

缩进段落第一行第一个字符，悬挂缩进指缩进段落第一行以外的其它行的第一个字符。

也可用水平标尺上的缩进标志控制段落缩进，如图7-2所示。

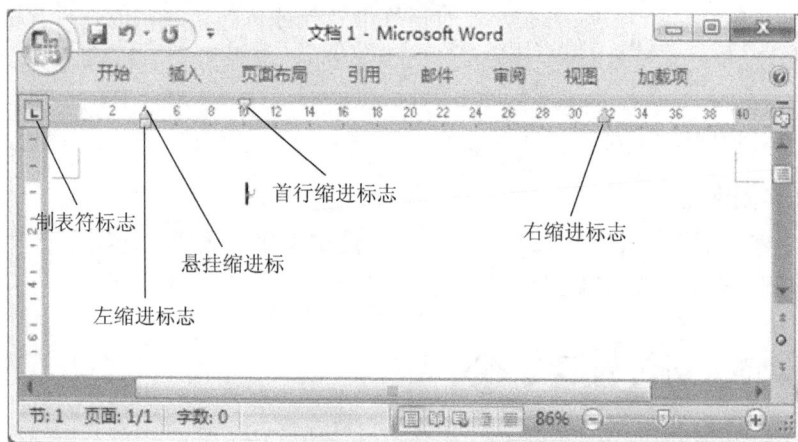

图 7-2　缩进标志

(3) 行间距与段落间距。

① 单倍行距：行与行之间保持正常行距。

② 1.5 倍行距：行与行之间距离为正常的 1.5 倍。

③ 2 倍行距：行与行之间距离为正常的 2 倍。

④ 最小值：行与行之间距离至少是"设置值"中的磅值，但当行中出现较大字符时，Word 自动增加行间距。

⑤ 固定值：行与行之间距离由"设置值"中的磅值控制。

⑥ 多倍行距：根据"设置值"中的倍数改变行距。例如，输入 1.25，则表示行间距为正常的 1.25 倍。

同样，可设置段落前与段落后的距离，不同段落的段落间距是相互关联的。例如，在上一段落中设置了"段后"0.5 行，同时又在本段落中设置了"段前"1.5 行，则这两个段落之间的距离就变成了 2 行。

(4) 换行和分页。

① 孤行控制：防止段落的第一行或最后一行与段落的其它行位于不同页。

② 段中不分页：控制段落的所有行在同一页上。

③ 与下段同页：控制段落与下一段落在同一页上。

④ 段前分页：强制段落成为下一页中的第一段。

⑤ 取消行号：取消段落中的行统计。在默认情况下，Word 自动统计文档中的行，并可通过"页面设置"→"版式"→"行号"显示行号。

⑥ 取消断字：取消段落中的断字处理。这个选项只在英文排版时才可使用。

(5) 中文版式。

① 按中文习惯控制首尾字符：防止一些特殊字符出现在段落首尾。例如，"、"和"<"等。

② 允许西文在单词中间换行：允许英文单词在一行中无法完整显示时断字。

③ 允许标点溢出边界：允许一行的最后一个字符为标点时，该字符处于文字控制区域之外。

④ 允许行首标点压缩：当行首为标点时，允许该字符宽度为正常宽度的一半。

⑤ 自动调整中文与西文的间距：在中英文混合的段落中，Word 在中英文之间插入一个空格的距离。

⑥ 自动调整中文与数字的间距：在中文与数字混合的段落中，Word 在中文与数字之间插入一个空格的距离。

此外，单击"选项"按钮，还可设置"字距调整"、"字符间距控制"，也可自定义在行首或行尾使用的各种字符。

2．设置制表位

在"段落"对话框中还有一个重要成员，即"制表位"按钮，用于在文档中设置制表位。

制表位提供控制文档垂直对齐的方法，是段落格式的一部分。当用户按下"Tab"键时，Word 会将光标移动到下一个制表位。默认情况下，Word 每隔 0.75 厘米设置一个制表位，这些制表位不会显示在标尺上，只有用户创建或修改过的制表位才会显示在标尺上。

(1) 制表符类型。如图 7-3 所示，Word 提供五种类型的制表符。单击"制表符标志"按钮进行切换，然后单击标尺即可获得一个对应的制表位。

① 左对齐：文本左边界与制表位对齐。

② 居中对齐：文本相对于制表位居中对齐。

③ 右对齐：文本右边界与制表位对齐。

④ 竖线：在制表位处画一条竖线。

⑤ 小数点对齐：数字中的小数点与制表位对齐。

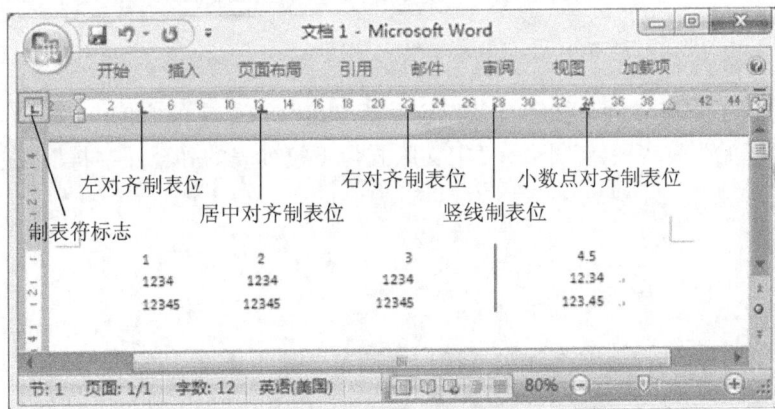

图 7-3　制表位示意图

(2) 设置制表位。

除了使用标尺进行制表位的设置外，还可使用"段落"对话框的"制表位"按钮。其中，"设置"按钮用于确认制表位位置并将制表位添加到列表中，而"确定"按钮可将制表位添加到文档中。

(3) 删除制表位。

使用标尺删除制表位的方法是：用鼠标直接将制表位拖离标尺。使用"制表位" 对话框删除制表位的方法是：从列表中选择制表位，点击"清除"按钮，将它从列表中删除，点击"确定"，将它从文档中删除。

(4) 设置制表位前导符。

制表位除了在标尺中显示外，还可通过制表位前导符在文档中显示，方法是在"制表位" 对话框中选择 Word 提供的前导符。

3．设置项目符号和编号

通常，可用项目符号标识无序条目，编号标识有序条目。

(1) 设置项目符号和编号。

通过"开始"→"段落"区的"项目符号"和"编号"，可设置段落文本的项目符号和编号样式。也可通过"格式"选中文本快捷菜单上的"项目符号"或"编号"选项设置项目符号或编号样式。

一旦设置了段落的项目符号或编号，Word 会自动为其后的新段落生成相同的项目符号或统一的编号。如段落首字符是项目符号或编号，例如，"●"或"1."，Word 也会自动为其后的新段落设置相同的项目符号或统一的编号。

(2) 删除项目符号和编号。

删除项目符号和编号也可通过"项目符号"和"编号"中的"无"格式来完成。

4．中文版式格式化

(1) 纵横混排。

纵横混排用于将文档中的某些字符旋转 90°，并与其它字符一起排列在段落中，通常用于在竖排文字中加入横向英文字母。方法是：选中字符，选择"开始"→"段落"区→"中文版式"下拉列表的"纵横混排"，在对话框中设置混排效果。

例如：

(2) 合并字符。

合并字符用于将最多六个文字合并，合并后宽度与一个字的宽度一致。方法是：选中文字，选择"开始"→"段落"区→"中文版式"下拉列表的"合并字符"，在对话框中设置字体和字号。

例如：合并文字

(3) 双行合一。

双行合一用于将两行文字合并成一行。方法是：选中文字，选择"格式"→"中文版式"→"双行合一"，在对话框中设置样式。

例如：双行合一 。

7.2.6　格式复用

1．格式刷

"常用"工具栏中的格式刷，能将源文本的格式应用到其它文本上。方法是：选中源文本，单击格式刷复制源文本格式，用刷子形状的鼠标刷目标文本。如有多个目标文本，则双击格式刷复制源文本格式，再次单击格式刷即可退出格式刷复制状态。

要注意的是，如复制的不仅是文本格式，还有段落格式，选源文本时一定要连段落结束符一起选中。

2．样式

样式是一组相关格式。样式可简化重复的格式设置。一个样式可重复应用于多个文本，而且一旦修改了样式，文档中应用该样式的文本可同时改变。

(1) 查看样式。

选中文本，选择"开始"→"样式"区扩展钮，即可在打开的"样式"任务窗格中看到所选文本所属的样式被框选突出显示，要查看文本的具体格式，可单击该样式右侧下拉列表，选择修改。

(2) 应用样式。

选中文本后，打开"样式"任务窗格，在快速样式列表中可看到 Word 提供的各种样式，单击某个样式即可将它应用到目标文本上。

(3) 创建样式。

单击"样式"任务窗格下方的"新建样式"按钮，可新建样式。

如要新样式成为当前文档模板的一部分，则选择"添加到模板"复选框，否则新样式只能在当前文档中使用，而不能在其它用当前文档模板创建的文档中使用。

如选择"自动更新"复选项，则一旦修改样式，文档中应用该样式的文本可同时改变。

(4) 修改样式。

在"样式"任务窗格中，选择已经存在的样式的下拉菜单项"修改"，可修改该样式以满足需要。

(5) 复制样式。

Word 允许将某个文档中的样式复制到其它文档中。方法是：选择 Office 按钮→Word 选项→"加载项"，设置管理内容为"模板"，单击"转到"后打开"模板和加载项"对话框，单击"管理器"按钮，在"管理器"对话框的"样式"标签中设置。

要注意的是，共用样式的文本应当使用同样的模板。

(6) 删除样式。

在"样式"任务窗格中，选择已经存在的样式的下拉菜单项"从快速样式库中删除"。

3．模板

文档都是基于某个模板创建的。模板是一个 .dotx 或 .dotm 文件，它决定了文档的基本结构和设置。

(1) 使用模板。

Word 的默认模板是 Normal.dotm(空白文档模板)。如要使用其它模板，可在"新建"文档时选择，也可在编辑文档时，通过"模板和加载项"对话框"模板"标签下的"选用"按钮，从"选用模板"对话框中选择，还可选中"自动更新文档样式"复选框以自动更新文档样式为新模式的样式。

(2) 创建模板。

用户可创建模板，通常有两种方法。一种是：新建一个"我的模板"，在"新建"对话框中选择"空的文档"，并将新建内容限定为"模板"，则在该文档中设置的新样式都会作为模板内容被记录；另一种是：新建一个空白文档，在其中设置所需格式与样式等，并将文档"另存为"为"Word 模板(*.dotx)"类型。

(3) 修改模板。

使用 Office 按钮→"打开"，打开模板文件(.dotx)进行修改。如没选中"自动更新文档样式"，对修改后的模板不会影响之前基于该模板创建的文档，只会影响之后使用该模板创建的文档。

7.2.7　查看文档

1. 文档视图

文档视图是一种查看文档的工作环境。Word 提供"页面"、"阅读版式"、"Web 版式"、"普通"和"大纲"五种视图。

(1) 页面视图。

页面视图是一种"所见所得"的视图，是 Word 默认的视图。在这种视图下，可看到所有格式的效果。

(2) 阅读版式视图。

阅读版式视图是 Word 自动调节文档内容大小，突出文字便于阅读。此视图隐藏了大多数功能卡。顶端左侧是常用工具栏，右侧是视图设置和关闭按钮。单击顶端中央的"翻屏计数器"可打开"文档结构图"或"缩略图"快速定位文档内容。

① 文档结构图：便于查看当前内容属于哪个级别。

② 缩略图：便于查看当前内容所在页。

(3) Web 版式视图。

Web 版式视图指显示文档在浏览器中的效果。在该视图下，文档不会分页显示，文档内容会自动换行以适应显示窗口的大小。

(4) 普通视图。

普通视图可显示文档的内容和格式。在该视图下，可查看文档中某些格式的标志，但不能看到这些格式的效果。

(5) 大纲视图。

大纲视图指按大纲级别分层显示文档。在该视图下，可通过"大纲"工具栏快速调整文档的大纲级别。

在除了大纲视图以外的其它视图中，若要打开"文档结构图"或"缩略图"，可勾选"视图"→"显示/隐藏"中的相应选项。

2. 显示比例

通常，Word 以 100%的比例显示文档，用户可用"视图"→"显示比例"区中各个选项来调整显示比例，也可通过自定义状态栏右端的"显示比例"或"缩放滑块"来调整。

在"显示比例"对话框中，"整页"和"多页"选项只在页面视图下可用，部分选项如下：

(1) 页宽。

页宽指 Word 自动缩放文档，使得屏幕窗口能完整显示一个页面的宽度。

(2) 文字宽度。

文字宽度指 Word 自动缩放文档，使得屏幕窗口能以最佳方式显示文字。

(3) 整页。

整页指 Word 自动缩放文档，使得屏幕窗口能完整显示一个页面。

(4) 多页。

多页指在屏幕窗口中一次显示多个页面，单击"监视器"按钮，可设置显示多少页面。

(5) 百分比。

百分比指可以输入 10%～500%之间的任意值。

3. 拆分窗口

当编辑文档时，可能会同时查看同一文档的不同部分，可用"视图"→"窗口"→"拆分"，将文档编辑区用水平分割线分成两个窗口，两个窗口都显示同一文档，但可独立滚动窗口内容。也可拖动窗口垂直滚动条顶端的拆分条拆分窗口。

拆分窗口后，可拖动水平分割线，改变两个窗口的大小比例，也可通过"窗口"→"取消拆分"或双击水平分割线，或将水平分割线拖离窗口，即可恢复窗口。

4. 字数统计

使用"审阅"→"校对"区的"字数统计"可统计当前文档的字数、行数、页数、段落数等。

5. 文档属性

文档的属性包括文档的作者、创建时间、修改时间、存取时间等内容。通过 Office 按钮→"准备"→"属性"可查看、修改文档属性。

7.2.8　编辑图片

Word 可在文档中插入、绘制、修饰图形，还可实现图文混排，将图形与文字和谐地放在一个版面上，设计出图文并茂的文档。

1. 插入图片

Word 允许在文档中直接插入剪贴画或图片文件。

(1) 插入剪贴画。

通过"插入"→"插图"→"剪贴画"，可打开"剪贴画"任务窗格，点击"管理剪辑…"，在"收藏夹"对话框中，打开"收藏集列表"，从中选择剪贴画直接拖入到文档中的插入位置。

(2) 插入图片文件。

通过"插入"→"插图"→"图片"，打开"插入图片"对话框，从中选择图片文件，并单击"插入"按钮将图片插入到文档中。

Word 支持以下三种插入图片文件的方式：

① 插入方式：图片复制到文档中，成为文档的一部分。在保存文档时，图片随文档一起保存。如图片插入后，图片文件发生变化，不会影响文档中的图片。

② 链接到文件方式：图片以"引用"方式插入到文档中，文档只保存图片文件所在位

置，不保存图片，所以文档大小不会随插入图片而增加，但是，如插入图片后，图片文件发生变化，文档中的图片会随之发生变化。

③ 插入和链接方式：图片复制到文档中，同时，建立与图片文件的"链接"关系，以保证图片文件发生变化时，文档中的图片能自动更新。

通常，不同的图形图像软件可能生成格式不同的图片文件。在 Word 中要识别某种格式的图片，需要一个与这种图片格式相应的过滤器，只有 Word 安装了相应的过滤器，才可将相应的图片插入到文档中。

(3) 插入自定义形状。

使用"插入"→"插图"→"形状"中的各种工具，可在文档中绘制线、箭头、文本框等图形对象。Word 可以提供画布以绘制图形，如需画布，可单击形状列表，选择"新建绘图画布"。

(4) 插入 SmartArt 图形。

SmartArt 图形是信息和观点的视觉表示形式。使用"插入"→"插图"→"SmartArt"，可在文档中绘制流程、层次等有组织形状限制的复杂图形对象。

(5) 插入图表。

使用"插入"→"插图"→"图表"，可在文档中插入各种图表。

2．修改图片效果

一旦插入图片，即可使用"图片"功能卡来设置和修改图片效果。

(1) 调整。

① 亮度：增减图片亮度。

② 对比度：增减图片层次对比度。

③ 重新着色：控制图片颜色，根据需要对图片的颜色模式和效果进行设置。

④ 压缩图片：压缩图片以减小体积。

⑤ 更改图片：用新图片替换原来内容。

⑥ 重设图片：把图片恢复成初始状态。

(2) 图片样式。

① 样式库：对图片的总体格式进行设置。

② 图片形状：规范图片显示的具体形状。

③ 图片边框：为图片添加边框效果。

④ 图片效果：为图片添加简单的处理效果。

⑤ 扩展钮：打开设置图片格式对话框。

(3) 排列。

① 位置：可直接使用列表选项布置图形位置，或选择"其它布局选项"打开"高级版式"对话框，进行更细致地设置。

② 置于顶层：确保图形的最上层叠放次序。

③ 置于底层：确保图形的最下层叠放次序。

置于顶层和底层两个操作也能适用于图形与文字的叠放关系。

④ 文字环绕：设置图片与文字的位置关系。

⑤ 对齐：可设置图片与文字的对齐方式。

例如，选择"四周型"环绕方式和"左对齐"水平对齐方式，可将图片设置为插入行的行首，同时周围文字右移。

⑥ 组合：组合与分解多个图形。

当需将独立图形当作整体统一操作，可将它们组合，方法是：选中需要组合的图形，从组合下拉列表中选择"组合"。

如需将组合好的图形分解，选择组合下拉列表中的"取消组合"。取消组合后，对组合图形进行的所有设置均会自动取消。

⑦ 旋转：调整图片方向。

(4) 大小。

① 裁剪：裁剪图片。

② 高度：设置图片绝对高度。

③ 宽度：设置图片绝对宽度。

④ 扩展钮：打开设置图片大小对话框。

3．定位图形

根据默认设定的水平间距和垂直间距，Word 将页面划分成"文档网格"。默认情况下，图形应该与网格对齐，也就是说，图片由绘图文档网格定位。若需更精确地控制图形位置，可单击"页面布局"→"页面设置"区的扩展钮，打开"页面设置"对话框，单击"文档网格"标签下的"绘图网格"，则可打开"绘图网格"对话框：

① 对象与其它对象对齐：将对象对齐到其它对象。

② 网络设置：用于设置网格效果。

③ 网格起点：在选中"使用页边距"的情况下，文档上边距和左边距的交叉点定为网格的起点。

④ 显示网格：设置在屏幕上显示网格线时的操作。

● 在屏幕上显示网格线：用于设置网格默认的显隐效果。

● 网格线未显示时对象与网格对齐：用于设置默认的对齐效果。

7.2.9　编辑表格

Word 允许使用表格组织信息，甚至利用表格进行排序和计算。表格由水平行和垂直列组成，行列相交形成的方格称为单元格。

1．创建

Word 允许用户在文本中创建表格：通过"插入"→"表格"区中各选项可插入一个用户自定义表格。

(1) "插入表格"选项。

选中表格区的"插入表格"，弹出"插入表格"对话框，可以设置表格的行列数，单击"确定"将插入一个表格。在"插入表格"对话框中选中"为新表格记忆此尺寸"复选框，则在此设置的效果将成为以后新建表格的默认设置。

一旦插入了表格，可打开"表格工具"选项卡，完成表格的设计和布局。

(2) "表格和边框"选项。

单击"表格工具"的"设计",在"表格样式"区中,使用"边框"和"底纹",或"绘图边框"区的各选项,可创建如表 7-1 所示的行列不规则、边框线不一致或斜线表头等的复杂表格,并可对表格的格式进行设置。

表 7-1　复 杂 表 格

		合并单元格	
拆分		底纹	
单元格			

2. 删除

选中表格,通过"表格工具"→"布局"→"行和列"区的"删除"选项可删除选中的表格。

3. 输入表格数据

在表格中输入数据,需注意两点:一是光标定位键——Tab,二是编辑单位——单元格。

4. 选择表格对象

当光标在表格中时,使用"表格工具"→"布局"→"选择"可实现对表格及表格中各种对象的选择。

5. 设置表格外观

当光标在表格中时,使用"表格工具"→"设计"区选项,可对表格外观进行设置。

(1) 表格自动套用格式。这是一种用系统预置的表格格式设置表格外观的方法。在"表格样式"列表中选择样式,即可应用到当前表格上。列表中还有其它选项:

① 新建表格样式:基于选中表格格式,新建一个表格样式。

② 修改表格样式:修改所选表格样式。

③ 清除:清除所选表格样式。

(2) 表格属性。选中表格后单击鼠标右键,在打开的快捷菜单中选择"表格属性",可在"表格"、"行"、"列"和"单元格"四个标签中对表格的各成员进行设置。此外,该对话框中的"定位"、"边框和底纹"及"选项"按钮还可实现精确定位表格、设置表格边框和底纹等操作。

6. 表格排序与计算。

在"表格工具"→"布局"→"数据"区,可对表格满足条件的内容进行排序或计算。

(1) 排序。单击"排序",可按照表格的指定列内容对整个表格进行升序或降序排列。

(2) 计算。首次单击"*fx*"按钮,默认使用 sum 函数对用户指定的单元格(如 left,表示函数将操作左边连续的单元格数值)进行"自动求和"计算。否则在打开的"公式"对话框中可更改函数,或使用公式进行计算。

例如,表 7-2 所示学生成绩表中"平均分"和"总评"的计算。计算平均分可以选择使用 AVERAGE 函数,若规定"总评成绩 = 政治 × 10% + 英语 × 25% + 数学 × 30% + 计算机 × 35%",那么计算总评就没有可以直接使用的函数,必须自己输入公式来完成。

排序和计算都以单元格为基本单位。为描述不同单元格，表格的行从上到下依次用正整数 1，2，3…来表示，表格的列从左到右依次用英文字母 A，B，C…来表示，表格的单元格用行列值来标识。如 B4 表示第 4 行第 2 列的单元格，单元格 F2 计算 201001 的总评成绩公式为 "=B2*10%+C2*25%+D2*30%+E2*35%"。需要注意，无论是使用函数或公式，开头的 "=" 绝对不能缺少。

表 7-2　学生成绩表

学　号	政　治	英　语	数　学	计算机	总　评
201001	85	92	80	86	85.6
201002	94	99	70	75	81.4
201003	86	82	90	94	89
平均分	88.33	91	80	85	

7．表格与文本的相互转换

(1) 表格转换为文本。

通过 "表格工具"→"布局"→"数据"→"表格转换成文本"，可将所选表格转换为普通文本。在 "表格转换成文本" 对话框中，可设置各单元格内容，在转换后用段落标记、逗号、制表符或指定的特殊字符隔开。

(2) 文本转换为表格。

单击 "插入"→"表格" 下拉列表中的 "文本转换成表格"，可将所选中的文本，用段落标记、逗号、制表符或指定的特殊字符隔开的文本转换为表格。

7.2.10　排版

对于打印输出的文档来说，排版能使文档更规整，更能突出重点和表达相关含义。排版操作主要包括以下内容。

1．插入分隔符

Word 可使用分页符、分栏符和分节符三类分隔符。在普通视图下可看到文档中使用的分隔符，也可选中这些分隔符，用 "Delete" 键删除它们。

通常，Word 会在一页占满时自动分页，如需人为分页，可插入分页符。例如，在表格前插入分页符，表格将放在新页上。

分栏可将文档中某一部分分成若干栏。文本从最左栏开始，自上而下填满一栏后，自动转到右边相邻栏继续填充。有时为强调内容的层次，需将某栏的某些内容放到下一栏，这时可插入分栏符来实现。

节是文档的一部分，可在其中设置某些页面格式，例如，页边距、纸张大小或方向、打印机纸张来源、页面边框、垂直对齐方式、页眉和页脚、分栏、页码编排、行号、脚注和尾注。通常，一个文档就是一个节，分节符可将文档分成多个节，不同的节可有不同的页面格式。

通过 "页面布局"→"页面设置"→"分隔符"，打开 "分隔符" 列表，即可插入指定分隔符。分隔符类型及含义如下：

(1) 分页符：将分页符后的内容移到下一页。

(2) 分栏符：在分栏中，将分栏符后的内容移到下一栏。

(3) 自动换行符：插入"软回车"，将换行符后的内容移到下一行。

(4) 分节符：存在 4 种不同的分节方式。

① 下一页：分节后新节从下一页开始。

② 连续：分节后新节与上一节内容连续不断。

③ 偶数页：分节后新节从下一偶数页开始。如上节结束于偶数页，则会空出一个奇数页，从偶数页开始新节。

④ 奇数页：分节后新节从下一奇数页开始。如上节结束于奇数页，则会空出一个偶数页，从奇数页开始新节。

2．分栏

通过"页面布局"→"页面设置"→"分栏"，从"分栏"列表中设置分栏。若需要更细致地控制分栏效果，可选择"更多分栏"项打开"分栏"设置对话框来操作：

(1) 预设。

预设提供了五种分栏格式。"一栏"指文档不分栏；"两栏"指将所选文本分为宽度相同的两个栏；"三栏"指将所选文本分为宽度相同的三个栏；"偏左"指将所选文本分为左窄右宽的两个栏；"偏右"指将所选文本分为左宽右窄的两个栏。

(2) 列数。

列数指定分成的栏数。

(3) 宽度和间距。

宽度和间距可设置各栏宽度和栏间距。

(4) 应用范围。

应用范围指定分栏设置应用的文本范围。"整篇文档"是将整个文档分栏；"本节"是将光标所在节分栏，仅在文档中有多个节时可用；"插入点之后"是将从光标到节结束之间的所有文本进行分栏，Word 会在光标前插入一个连续分节；"所选文字"是将所选文本进行分栏，Word 会在所选文本的前后各插入一个连续分节符。

分栏后，仍可重新设置分栏。例如，修改分栏数目，改变分栏宽度，插入分栏分隔线等。如要取消分栏，可将分栏数目设置成一栏即可。

3．页面设置

页面设置与文档打印密切相关，所以页面设置主要包括设置页边距、设置纸张方向、设置纸张大小等内容。

(1) 设置页边距。

页边距是指文档中文本与纸张边界的距离，可使用标尺或页面设置对话框设置页边距。

选择"页面布局"→"页面设置"→"页边距"可设置页边距。若有特殊要求，可选择列表中"自定义边距"选项，打开"页面设置"对话框，在"页边距"标签设置"上"、"下"、"左"、"右"四个方向的页边距。如文档打印后还要装订，则还要选择装订线的位置，并设置装订线与纸张边界的距离；单击"版式"标签，在"距边界"区域中调整页眉和页脚与纸张边界的距离。如希望以后创建的文档都使用此页边距设置，可单击"默认"按钮将其作为系统默认值保存。

　　要注意的是，改变上下页边距不会自动调整页眉和页脚的距边界值，因此需要人为保证页眉和页脚的距边界值小于上下页边距。此外，如果文档设置了装订线，则页边距就变成文本与装订线的距离，而非与纸张边界的距离。此外，在"应用于"下拉列表中选择适当的应用范围也很重要。

　　在"页边距"标签中，还可通过"纸张方向"来设置文档打印方向。如选择"横向"，则在输出文档时将其旋转 90°。

　　(2) 设置纸张方向。

　　文档打印方向的设置也可通过选择"页面布局"→"页面设置"→"纸张方向"来实现。

　　(3) 设置纸张大小。

　　若选择"纸张大小"，可直接从下拉列表中选择其一来设置纸张大小。或选择"其它页面大小"打开"页面设置"对话框。在"纸张"标签中设置"宽度"和"高度"亦可。通常，在打印机中，不同规格的纸张放在不同的位置，所以，纸张来源不同，纸张规格就可能不同。在"纸张来源"区域，可分别对文档的首页和其它页设置不同的纸张来源。如需对文档打印效果做更细致的设置，可单击"打印选项"按钮，打开"打印"对话框进行设置。

　　(4) 设置文档版式。

　　Word 允许同一文档中奇偶页使用不同的页眉和页脚，也允许对文档进行带框打印，带行号打印等。这些都可通过设置"页面设置"对话框中的"版式"标签实现。要注意的是，"垂直对齐方式"是针对整个页面文本而言的；"取消尾注"只在"尾注"放在节末时才有效，用于取消将"尾注"打印在当前节末尾。

　　(5) 设置文档页面行列标准。

　　选择"页面设置"对话框中的"文档网格"标签，可设置每页多少行，每行多少字。

　　① "文字排列"：可设置文字排列方向。"水平"表示文字自左到右横向排列；"垂直"表示页面旋转 90°，文字自上而下竖着排列。

　　② "栏数"：可设置分栏。

　　③ "网格"：各个选项用于指定是否在页面行数、行跨度、每行字符数和字符跨度上使用系统默认值。"无网格"指四项都使用系统默认值；"指定行和字符网格"指四项均由用户指定；"只指定行网格"表示最后两项使用系统默认值；"文字对齐字符网格"表示第一项和第三项由用户指定。

　　④ "字符数"：用于指定每行的字符数目，以及字符之间的距离。

　　⑤ "行数"：用于指定每页的行数目，以及行之间的距离。

　　⑥ "应用于"：用于选择应用范围。

　　⑦ "绘图网格"：可打开"绘图网格"对话框设置绘图网格。

　　⑧ "字体设置"：可打开"字体"对话框设置字体。

4. 插入页眉和页脚

　　页眉和页脚是位于每一页顶端(页眉)或底端(页脚)中的文字，只有在页面视图下才能查看和编辑页眉和页脚。

　　页眉和页脚包括五种使用方式：一是每一页用同样的页眉和页脚；二是首页用与其它页不同的页眉和页脚；三是奇偶页用不同的页眉和页脚；四是首页与其后的奇偶页用不同的页眉和页脚，五是不同节的页使用不同的页眉和页脚。

　　插入页眉/页脚的方法是：选择"插入"→"页眉和页脚"→"页眉"/"页脚"，打开"页眉"/"页脚"下拉列表直接设置。或单击"编辑页眉"/"编辑页脚"进入页眉/页脚编辑状态。进入页眉/页脚时，可看到"页眉和页脚工具"选项卡，其"导航"区各选项从左到右依次是：页眉/页脚切换、显示前一个页眉/页脚、显示后一个页眉/页脚、链接到前一条页眉。其中，链接到前一条页眉用于控制不同节的文本是否允许使用不同的页眉。

5．添加页码

　　添加页码能方便用户阅读和定位。Word 提供了多种页码形式和页码位置。

　　选择"插入"→"页眉和页脚"→"页码"，打开"页码"下拉列表，在位置类下拉列表中选择页码位置；"设置页码格式"选项可打开"页码格式"对话框，设置自定义页码效果。

6．插入脚注与尾注

　　脚注和尾注多用于注释、提供引用。

　　在正文中插入脚注或尾注，会在插入位置添加一个引用记号。尾注的引用记号通常是顺序编号，而脚注的引用记号可以是符号，也可以是顺序编号。通常，脚注位于其引用记号所在页的底部，尾注位于文档结尾。

　　在"引用"→"脚注"区，可插入和设置"脚注"和"尾注"效果。单击"插入脚注"/"插入尾注"，会在插入位置添加一个引用记号，并进入注释文本编辑状态。此后，只需单击引用记号就可查看对应注释。

7．自动生成文档目录

　　目录用于列出文档中各级标题及其所在页码，以便快速定位章节。在各级标题具有大纲级别的前提下，通过"引用"→"目录"区各选项，Word 可自动生成文档目录。

7.2.11　自动保存文档

　　Word 会自动保存文档，方法是：通过 Office 按钮→Word 选项→"保存"，选择"保存自动恢复信息时间间隔"复选项设置间隔时间，并设置"自动恢复文件位置"可限定系统自动备份文档的时间和存放位置。当文档编辑过程中出现意外时，可恢复到备份文档。

7.3　实　　验

7.3.1　基本实验

➢　**实验 1　定制工具栏**

　　● **实验目的**

　　掌握自定义工具栏的方法。

● 实验内容

(1) 在功能卡下方显示自定义快速访问工具栏。

(2) 在自定义快速访问工具栏上添加命令"另存为"。

(3) 在 Word 窗口中隐藏功能卡。

➢ **实验 2　制作简单文档**

● 实验目的

掌握中英文输入法及使用 Word 进行简单文字处理。

● 实验内容

(1) 新建文件"计算机导论.docx"。

(2) 设置自动保存时间间隔为 5 分钟。

(3) 在文件"计算机导论.docx"中输入《计算机导论》教材第 1 章及各节内容，具体内容包括：

① 目录中出现的各个标题。

② 第 1 页的第二、三、四段。

③ 1.1 节和 1.2 节的第一段。

(4) 将文件"计算机导论.docx"中的文字"计算机"全部替换为 "Computer"。

(5) 设置文件"计算机导论.docx"中的文本：中文字体设为"楷体"，西文字体设为"Times New Roman"，字号为"四号"，特殊格式为"首行缩进 2 字符"，行距为"多倍行距 1.25 倍"。

(6) 修改样式"标题 1"：中文字体为"黑体"，西文字体为"Arial"，字形为"加粗"，字号为"一号"，对齐方式为"居中"，段前为"0.5 行"，段后为"0.5 行"，行距为"1.5 倍行距"。

(7) 修改样式"标题 2"：中文字体为"黑体"，西文字体为"Arial"，字形为"加粗"，字号为"二号"，段前为"0.5 行"，段后为"0.5 行"，行距为"1.5 倍行距"。

(8) 修改样式"标题 3"：中文字体为"黑体"，西文字体为"Arial"，字形为"加粗"，字号为"三号"，段前为"0.5 行"，段后为"0.5 行"，行距为"1.5 倍行距"。

(9) 设置文件"计算机导论.docx"中的标题：一级标题(第 1 章)为"标题 1"样式，二级标题(1.1、1.2)为"标题 2"样式，三级标题(1、2、3 等)为"标题 3"样式。

(10) 将文件"计算机导论.docx"中的文字"习题一"加上"灰-15%"的底纹。

(11) 为文件"计算机导论.docx"中 1.1 节的段落加上"1 磅"的边框。

(12) 保存文件"计算机导论.docx"到文件夹"实验 2"中。

➢ **实验 3　编辑复杂文档 1**

● 实验目的

掌握项目符号和编号、页眉页脚、目录的基本操作。

● 实验内容

(1) 在文件"计算机导论.docx"的 1.2 节中继续输入《计算机导论》教材的下列内容：

① "1.1.2 定点与浮点表示"的头两段。

② 习题一的第 1 题和第 4 题。

(2) 将文件"计算机导论.docx"习题一第 1 题中的数字序号(1)～(4)改为 A) B) C)的形式。

(3) 将文件"计算机导论.docx"的 1.1.2 节中的项目符号改为✂的形式。

(4) 在文件"计算机导论.docx"的第一页上制作目录(目录与其后内容不能位于同一页)。

(5) 在文件"计算机导论.docx"中插入页码，位置为"页面底端"，对齐方式为"居中"，首页不显示页码，数字格式为"—i—"。

(6) 在文件"计算机导论.docx"中插入页眉"实验二 Word 文字处理"，字体为"黑体"，字号为"六号"，对齐方式为"右对齐"。

(7) 更新文件"计算机导论.docx"中的目录。

(8) 保存更改后的文件"计算机导论.docx"，并放置到文件夹"实验 2"中。

(9) 将"实验 2"文件夹提交到"e-learning"的相应课程中。

7.3.2　扩展实验

➢ **实验 4　编辑复杂文档 2**

● **实验目的**

掌握对象的基本操作。

● **实验内容**

(1) 打开文件"计算机导论.docx"，设置第一段第一行的第一个字首字下沉 3 行。

(2) 从文件夹"图片收藏"中选择一幅图片插入到习题一之前，将图片的高与宽缩小为原来的 60%，图文混排成"四周型"。

(3) 从文件夹"图片收藏"中另选择一幅图片，将其设置为文档的背景。

(4) 在 1.1 节的最后一行末插入一个形状"虚尾箭头"，高 0.5 厘米，宽 1 厘米，要求箭头下线与该行文字下线对齐。

(5) 将 1.2 节中第一段的头两个字改为艺术字，样式为艺术字库中 5 行 4 列；字体为楷体、加粗、36 磅；形状为"双波形 1"，字高 1 厘米，宽 2 厘米。

(6) 在文件"计算机导论.docx"中，绘制《计算机导论》教材中的图 1-1 和图 1-3，要求图 1-1 以"上下型"插到 1.1 节之前，图 1-3 以"嵌入型"插到习题一之前。

(7) 在文件"计算机导论.docx"的 1.2 节之前，绘制《计算机导论》教材中的表 1-2。

(8) 在文件"计算机导论.docx"的 1.1 节末编辑公式：

$$\frac{\sqrt[3]{x_1 x_2} + \dfrac{x_2}{x_1}}{x_1^2 + x_2^2} = \cos\beta \times \cos\alpha$$

(9) 打印预览文件"计算机导论.docx"。

(10) 保存文件"计算机导论.docx"到文件夹"实验 2"中。

➢ **实验 5　制作个人简历**

● **实验目的**

掌握模板的使用。

● 实验内容

(1) 使用 Word 自带模板制作个人简历。

(2) 将个人简历修改为表格形式。

(3) 把修改后的简历样式保存起来，预备下次作为用户自己的模板使用。

(4) 将模板文件保存到文件夹"实验 2"中。

(5) 将"实验 2"文件夹提交到"e-learning"的相应课程中。

7.3.3　学有余力

➢ **实验 6　邀请函制作**

按自定义名单制作统一格式的邀请函，主旨是邀请××同学参加周末演讲比赛。

➢ **实验 7　按指定要求排版**

组织一篇 1000 字左右，题为"计算机与我"的文章，按照以下标准进行排版：

题目*(中英文题目一致)字体为 2 号黑体(全文除特别声明外，

外文统一用 Times New Roman)* 题目

摘　要　*中文摘要内容置于此处(中英文摘要内容一致)，字体为小 5 号宋体* 摘要

关键词　*关键词(中文关键字与英文关键字对应且一致)；关键词；关键词；关键词* *关键词字体为小 5 号宋体*关键词

1　一级标题*字体为 4 号黑体* 标题 1

1.1　二级标题　*字体为 5 号黑体* 标题 2

1.1.1　三级标题　*字体为 5 号宋体* 标题 3

正文部分，字体为 5 号宋体 正文文字

正文文字要求语句通顺，无语法错误，结构合理，条理清楚，不影响审稿人、读者阅读理解全文内容。以下 8 类问题请作者们特别注意：

(1) 文章题目应明确反映文章的思想和方法，文字流畅，表述清楚。

(2) 中文文字、英文单词有无错误。

(3) 公式中有无符号及表达式的疏漏，没有同一个符号表示两种意思的情况。

(4) 使用的量符合法定计量单位标准。

(5) 变量或表示变化的量用斜体。

(6) 图表规范，量、线、序无误，位置正确(注意纵、横坐标应有坐标名称和刻度值)。

(7) 列出的参考文献必须在文中有引用，参考文献顺序与引用顺序一致，各项信息齐全(格式见参考文献)。

(8) 首次出现的缩写需写明全称，首次出现的符号需作出解释。

示例图片
(图像用高清，图形请用矢量
版。图字用6号宋体，外文用
Times new roman，图中文字
尽量用中文)

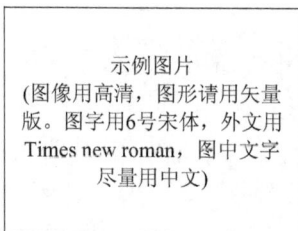

图 X　图片说明*字体为小 5 号黑体，图片应为黑白图*

表 X　表说明 *采用黑体*

示例表格

参 考 文 献

[1] 网上的文献(举例：The Cooperative Association for Internet Data Analysis(CAIDA) [EB/OL], http://www. caida.org/data 2010,7,18)采用脚注，一般不作为参考文献。

[2] 中文的参考文献需给出中英文对照。形式如[3]。

[3] Zhou Yong-Bin, Feng Deng-Guo. Design and analysis of cryptographic protocols for RFID. Chinese Journal of Computers, 2006, 29(4): 581-589 (in Chinese)
(周永彬, 冯登国. RFID 安全协议的设计与分析. 计算机学报, 2006, 29(4): 581-589)

第八章　Excel 表格处理

本章介绍的 Excel 2007 通过公式或函数对所拥有的数据进行组织、计算和分析，是一个集电子数据表格、图表和数据库于一体的电子表格处理软件。它有以下三大基本功能：

(1) 制作电子表格：以行列的形式组织数据信息，方便用户对表格中的数据进行分析和计算。

(2) 制作图表：将数据信息以饼图、柱状图等形式表达出来，便于用户直观地观察、判断和分析数据。

(3) 制作数据清单：所谓数据清单是行列结构的相关数据的信息集合，制作数据清单以便于对其中数据进行排序、筛选、分类汇总等操作。

8.1　工作环境

启动 Excel 应用程序后，进入 Excel 窗口。图 8-1 是进行电子表格编辑和各种相关操作的工作界面。除了 Office 按钮、功能选项卡、自定义快速访问工具栏和状态栏这些与 Word 相似的组成成分外，还另增加了几个 Excel 的特殊成员。

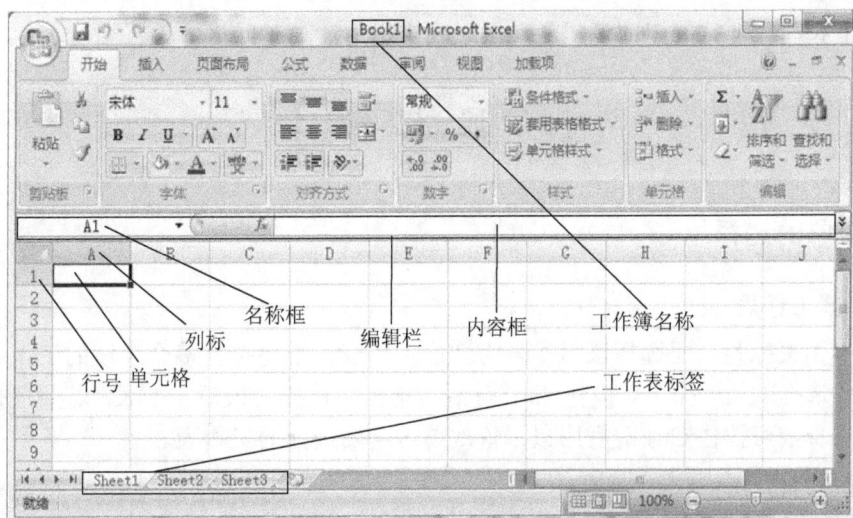

图 8-1　Excel 工作界面

1. 工作簿

每一个 Excel 文件都称为一个工作簿，它是专门用于计算和存放数据的文件，其文件

类型为 .xlsx。每个工作簿最多可由 255 张工作表构成。

2．工作表

工作表是工作簿中用于存放、组织、处理和分析数据的一张电子表格。如果说工作簿类似于账本簿，那么工作表就类似于账本中的一张表格。

3．行和列

工作表中的每一行都有一个行号(1～65 536)作为该行的标识；每一列也设置了一个列标(A-Z，AA-AZ，BA-BZ，…，IA-IV 共 256 个标号)来标识该列。

4．单元格

工作表中由行号和列标确定的一个个矩形格就是单元格，它是构成工作表的基本单位，是真正填写数据的位置。每个单元格最多可容纳 32 767 个字符。工作表中当前可接收用户输入的单元格称为活动单元格，任何时候都有且只有一个活动单元格。

5．名称框

名称框用于显示当前活动单元格的名称或地址。单元格可用行号和列标来唯一标识，这就是单元格的地址。例如，名称框中为 B1，表示当前的活动单元格是第一行(1)、第二列(B)所确定的那个矩形格。

对单元格重命名的方法是：选中单元格，单击名称框，输入新名称，按"回车"键即可。重命名后的单元格可直接在名称框下拉列表中选择进行定位，并且在其成为活动单元格时，名称框将显示被命名名称而非单元格地址。

6．内容框

内容框用于显示当前活动单元格中的具体内容，该内容可以是数据、函数或公式。

7．编辑栏

名称框和内容框共同组成编辑栏，用于确定当前活动单元格并输入相应内容。

8.2 基 本 操 作

8.2.1 对象的选择

1．选择工作表

单击工作表标签，即选择该工作表为当前工作表。若要选择多个连续的工作表，可用鼠标单击要选择的第一个表，按住 Shift 键后再单击要选择的最后一个表。若要选择多个不连续的工作表，可按住 Ctrl 键后用鼠标依次单击需要选择的工作表。

2．选择行(列)

鼠标单击行号(列标)选中对应行(列)。若要选择多个连续的行(列)，可用鼠标先选中第一个行(列)，然后按住 Shift 键再单击最后一个行(列)。若要选择多个不连续的行(列)，按住 Ctrl 键后用鼠标依次单击需要选择的行(列)。

3．选择单元格

使用鼠标单击可选中光标所在位置的单元格，或直接在编辑栏的名称框中输入单元格地址(名称)也可选中对应单元格。若要选择多个连续的单元格，可按住鼠标左键在工作表上拖动形成一个区域，也可用鼠标单击第一个单元格，按住 Shift 键后再单击最后一个单元格。若要选择多个不连续的单元格，可按住 Ctrl 键后用鼠标依次单击需要选择的单元格即可。若要选择当前工作表上的所有单元格，可直接用鼠标单击工作表左上角行号和列标的相交位置。

8.2.2　输入数据

在 Excel 工作表的单元格中输入数据分三个步骤：选定单元格，输入具体内容和确定输入。单元格中可以输入的内容有常量数据和公式。这里先介绍常量数据的输入。

1．输入文字

输入英文时，在没有打开中文输入法的情况下，可直接敲击键盘完成输入；输入中文时候，必须先打开中文输入法，根据所选择的中文输入法进行汉字输入。用户可根据需要按下键盘上的"Ctrl + 空格"组合键，实现中文输入法的开关。

2．输入数字

按下 Num Lock 键，即可使用数字键盘实现数字输入。

3．输入日期或时间

在 Excel 中可直接用系统可识别的格式来输入日期或时间，也可使用相关函数来实现日期和时间的输入。例如，在默认情况下，若用户输入数据 2014-11-20，则系统自动将其识别为日期数据，并以 2014/11/20 的形式显示在单元格中。

Excel 中以数字格式存储日期和时间，但却能以用户易于理解的形式显示在单元格中。用户可通过单元格快捷菜单设置单元格格式，实现更改日期或时间的表达形式。例如，可将 2014/11/20 显示成 2014 年 11 月 20 日。

4．输入批注

批注是对单元格内容进行解释说明的辅助信息。

要为单元格添加批注，可在该单元格上单击鼠标右键，从弹出的快捷菜单中选择"插入批注"，在随后出现的批注框中输入相应内容，单击批注框外任意位置确定并退出批注输入。一旦单元格有批注信息，每次鼠标停留在该单元格上，批注信息会自动弹出。右键打开带批注单元格的快捷菜单，可对批注进行各种操作。

5．自动填充

自动填充功能可帮助用户实现连续多个单元格数据的快速输入。填充功能允许拖动填充柄从当前单元格开始填充数据。默认情况下，填充柄位于单元格的右下角，若没有出现，可勾选 Office 按钮→Excel 选项→"高级"→"编辑"选区中的"启用填充柄和单元格拖放功能"，即可激活填充柄。

(1) 填充相同内容。

选定要复制的单元格，向下或向右拖动其填充柄实现复制填充。若要设置填充内容，可在填充后单击填充柄右下方的下拉列表来实现。

(2) 填充等差序列。

选定连续的两个单元格作为等差序列的来源序列，顺着所选单元格序列确定的方向拖动填充柄实现等差序列的填充。

(3) 填充等比序列、日期序列。

选定要填充等比序列的单元格区域。然后单击"开始"→"编辑"→"填充"，在打开的"填充"下拉列表中选择"系列"，设置填充类型为"等比序列"或"日期"，并根据需要设置其它参数，即可实现对应序列的填充。

(4) 创建和填充自定义序列。

在 Excel 中有一些系统预先设置的常用的自定义序列，如"星期一、星期二、…"，"甲、乙、…"等。这些序列的输入方式与等差序列的输入方法相同。

若要添加的序列不在这些预先设置的自定义序列中，且这个序列今后常用，则必须人为地将其添加到系统的自定义序列中。

创建自定义序列的方法是：选择 Office 按钮→Excel 选项→"常用"，单击"编辑自定义列表"按钮，在"输入序列"中输入要添加的序列(以回车键分隔不同项)，单击"添加"按钮把输入的序列添加到系统自定义序列中，单击"确定"按钮后完成创建。

若要删除自定义序列，同样可在该对话框中完成。要注意的是，只能删除用户自己添加的自定义序列，不能删除系统原先预定义好的自定义序列。

6. 自动更正

选择 Office 按钮→Excel 选项→"校对"，单击"自动更正选项"按钮可设置系统的自动更正功能。这个功能原来用于将经常输错的单词更正为正确的单词，现在更多地被用于简化输入。例如，用户经常输入"Microsoft(微软)"，利用自动更正功能以输入"Mic"来代替，前提是用户要设置好"自动更正"标签中的"替换"和"替换为"选项。

7. 输入受限数据

利用"数据"→"数据工具"→"数据有效性"，可对单元格内容进行限制。例如，"人数"所对应的数据必须是整数；"身高"必须大于 0 厘米等限制，可以在"数据有效性"对话框的"设置"标签中操作。而为了避免输入出错的提示信息，可以在"输入信息"标签进行设置。

8. 输入超链接

鼠标右键点击要插入超链接的单元格，从快捷菜单中选中"超链接"即可往单元格中输入超链接。

8.2.3 编辑数据

对已完成输入的单元格，可能还要在单元格中进行修改编辑。

1. 修改单元格数据

(1) 部分修改已输入的数据。

双击要修改的单元格，进入该单元格内可进行数据修改。

(2) 完全修改已输入的数据。

单击要修改的单元格后直接输入新数据替换原来的数据，即可实现完全修改。

2．复制数据

(1) 完全复制。

选定要复制的单元格区域后，直接使用"Ctrl + C"组合键将其复制到剪贴板上，然后选定目标单元格区域，用"Ctrl + V"组合键可将剪贴板的内容复制到目的地，即可实现所选内容的完全复制。

(2) 部分复制。

选定要复制单元格区域后，同样可使用"Ctrl + C"组合键将其复制到剪贴板上，然后选定目标单元格区域，打开单元格快捷菜单，选择"选择性粘贴"选项，可根据需要实现所选内容的部分粘贴。

3．移动数据

移动数据与完全复制数据类似，只需要将"Ctrl + C"组合键改为"Ctrl + X"组合键即可。当然也可以用拖动鼠标的形式来实现数据的移动，先选定要移动的单元格区域，然后把鼠标挪动到所选数据边框位置，当鼠标指针变成十字箭头形状时，拖动整个所选区域到目标地即可实现数据的移动。若移动同时按住了"Ctrl"键，则可实现数据的完全复制。

4．插入数据

插入数据其实是单元格的插入操作，它分为两个步骤：先插入一个空单元格，然后填写数据。

插入空单元格的方法是：在要插入单元格的位置单击鼠标右键，选择"插入"选项，设置要插入的内容和方式。这种方法同样适用于插入空行或空列。

5．清除数据

清除数据分为删除单元格中的数据和连单元格一起进行数据删除两种。前者只需要选中单元格后按下"Delete"键即可删除该单元格中的数据，当然也可以使用"开始"→"编辑"→"清除"来更有效地控制清除效果。后者则必须在选中单元格后使用"开始"→"单元格"→"删除单元格"来完成。

要注意的是，若删除了单元格，可能会导致使用相对引用的公式出错。关于单元格引用，将在公式和函数一节中介绍。

6．查找与替换数据

工作表中的数据多了，要找到其中的某些内容，就会用到查找数据功能。通过"开始"→"编辑"→"查找和选择"中的各个选项完成此功能。若在"查找"对话框中使用"替换"标签，则可实现数据的替换。

8.2.4　公式和函数

公式和函数是 Excel 提供的数值计算方法。要正确使用公式和函数，必须注意单元格的引用方式。

1. 单元格引用

单元格的引用其实就是使用单元格的地址(名称)来指明所使用数据在工作簿中的具体位置。单元格地址由列标和行号组成，根据地址书写方式不同，引用单元格的方式分为相对引用、绝对引用和混合引用三种。带"$"符号表示绝对引用，否则表示相对引用。例如，"$A$5"就是绝对引用，"$A5"和"A$5"就是混合引用，而"A5"则是相对引用。

若使用的是相对引用方式，将计算公式或函数复制到其它位置时，其中的单元格地址会自动随移动位置相对发生变化。例如，将 A3 单元格中的公式"=A1+A2"复制到 B3 单元格中，公式会自动更改为"=B1+B2"。若是使用绝对引用方式，则在公式或函数复制时单元格地址不会发生任何变化。混合引用介于相对引用和绝对引用之间，它允许对所引用的单元格地址中的列标和行号分别操作。

在公式或函数中选中一个单元格引用，按"F4"键，单元格引用将如图 8-2 所示依次转换为另一种引用形式。

有时候，单元格的引用会涉及以下两种较为复杂的情况：一是引用同一工作簿中的单元格，例如，要在当前工作表 Sheet1 的 A1

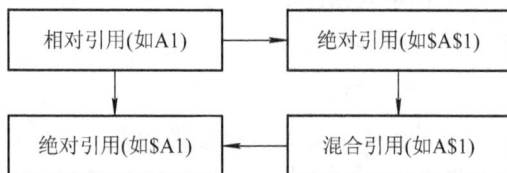

图 8-2　单元格引用的转换

中引用 Sheet3 中 B1:B4 的平均值，可在 Sheet1 的 A1 中输入"=AVERAGE(Sheet3!B1:B4)"；二是引用不同工作簿中的单元格，例如，当前活动单元格为工作簿 1 中 Sheet1 的 A1，要引用存放于"C:\myexcel"文件夹下的工作簿 2 中 Sheet3 的 B3 单元格，可在 A1 中直接输入"= 'C:\myexcel[工作簿 2.xlsx]Sheet3'!$B$3"。其中"!"用于分隔工作表引用和单元格引用，单引号"'"用于标识引用了名称中包含非字母字符的其它工作表或工作簿。

2. 公式

Excel 中的公式由三个部分构成：等号、数据和运算符。等号是每个公式的起始符号；数据是公式中涉及的操作对象；运算符用于表达要进行什么操作。为了更好地使用公式，需要对运算符加深认识。

Excel 中的运算符大致可以分为四大类：一是算术运算符，包括各种括号，用于完成基本算术运算，其结果为数值数据，例如"=(A1+A2)/$B$3"；二是文字运算符，用于操作文本字符，其结果是文本数据，例如"=A1&A2"；三是比较运算符，用于比较数据大小，其结果是逻辑数据，例如"=A1=A2"；四是引用运算符，用于产生单元格区域。运算符说明如表 8-1 所示。

表 8-1　运算符说明

运算符	名称	示例	含义(相对引用形式)
冒号(:)	引用	A1: B3	以 A1 为左上角，以 B3 为右下角的矩形区域
逗号(,)	联合	A1: A5, B1: C3	将 A1:A5 所示区域与 B1:C3 所示区域作为一个整体
空格	交叉	A1: B5 B1: C3	取 A1:B5 与 B1:C3 所表示区域的交集(即 B1:B3)

若假设单元格 A1 中数据为"2"，单元格 A2 中数据为"7"，单元格 B3 中数据为"3"，则算术运算"=(A1+A2)/$B$3"的结果是数值"3"。文本连接运算"=A1&A2"的结果是文本"27"，而比较运算"=A1=A2"的结果为逻辑值"False"。

运算符除了有类别之分外，还有优先级的差别。通常情况下，不同类别运算符之间的优先级别从高到低依次是引用运算符、算术运算符、文本运算符和比较运算符。同类别运算符也有优先级，例如算术运算符中"*"、"/"的优先级高于"+"、"−"。若对运算符间的优先级别不太清楚，可使用括号来指定运算的先后顺序。对于同级别的运算符来说，总是按从左到右的顺序依次计算的。

在选定的单元格中输入公式，可单击该单元格后直接输入，也可在编辑栏的内容框中键入公式。要注意的是，公式中的符号必须在英文输入状态下才有效。

Excel 中的公式多用于实现用户自定义运算规则的计算。若是一些常用的运算规则，系统提供了另外一种快捷方式来实现此类公式的输入，这就是函数。

3. 函数

函数是系统预先定义好的公式，用户可直接调用它们进行计算。

Excel 中的函数格式为"函数名(参数 1，参数 2，…)"。其中，函数名给出了一段程序的入口地址，该程序将完成规定的计算功能，即函数名标识了所实现的计算功能，例如"求和函数 SUM"。位于函数名右边的参数表给出了该函数要完成运算可能需要的输入数据，它们可以由用户给出，例如"SUM(A1:A3)"，也可以自动获取默认值，例如"NOW( )"可直接返回当前日期和时间。

系统所提供的内部函数按功能不同可分为以下几类：

(1) 财务：用于完成各种常见财务运算。

(2) 日期与时间：用于分析和处理各种日期和时间数据。

(3) 数学与三角函数：可实现各种数学计算。

(4) 统计：可对选定区域进行统计分析。

(5) 查找与引用：返回指定区域的信息。

(6) 数据库：对数据清单和数据库中的数据进行分析处理。

(7) 文本：用于处理文字串。

(8) 逻辑：实现真假判断或进行复合校验。

(9) 信息：用于返回单元格中所保存数据的相关信息。

(10) 工程：用于对工程数据进行计算和分析。

(11) 多维数据集：用于分析处理多维数据集。

要在选定的单元格中输入函数，有三种不同的方法：一是单击该单元格后直接输入；二是用编辑栏上的"*fx*"按钮输入；三是通过"开始"→"编辑"→"Σ 自动求和"的下拉列表输入。

4. 自动计算

在 Excel 中，并非每次计算都要输入公式或函数，因为系统提供了以下一些自动计算功能：

(1) 求和：求选定区域数据的总和。

(2) 平均值：求选定区域数据的平均值。

(3) 计数：计算选定区域有数字的单元格个数。

(4) 最大值：求选定区域数据的最大值。

(5) 最小值：求选定区域数据的最小值。

要注意的是，这种快速计算得到的结果也会根据用户设置情况在状态栏中显示。例如，右键单击状态栏，从弹出的快捷菜单中选择"平均值"。设 A1 中放着数据 1，A2 中放着数据 2，A3 中放着数据 3，选定 A1:A3 区域后，即可在状态栏上看到"平均值: 2"的字样。

5．隐藏单元格的公式

有时用于计算的公式需要保密，只允许在单元格中显示公式计算得到的结果即可，这就要用到单元格公式的隐藏。方法是：右键单击要隐藏公式的单元格，从打开的快捷菜单中选择"设置单元格格式"命令，单击"保护"标签，选中"隐藏"复选框后确定。此时单元格的公式还没有真正隐藏，还必须通过"审阅"→"更改"→"保护工作表"将单元格所在的工作表保护起来，才能实现所选单元格公式的隐藏。要注意的是，设置隐藏效果和保护工作表的顺序不可颠倒。

8.2.5　工作表操作

创建了工作表后，还可对其进行以下常用操作。

1．工作表重命名

为了区别不同工作表，使其与数据内容相关联，可以为工作表重命名。方法是：双击工作表名称，即可进入重命名状态，或使用鼠标右键单击工作表名称，从打开的快捷菜单中选择"重命名"。

2．插入和删除工作表

使用鼠标右键单击工作表名称，从打开的快捷菜单中选择"插入"，或单击工作表标签右侧的"插入工作表"标签，均可实现插入新工作表。两者不同之处在于，前者是在当前工作表前插入新表，后者是在最后追加新表。

使用鼠标右键单击工作表名称，从打开的快捷菜单中选择"删除"即可删除选中的工作表。

3．移动和复制工作表

使用鼠标右键单击工作表名称，从打开的快捷菜单中选择"移动或复制工作表"，在打开的对话框中选择目标位置后确定，可实现当前选中工作表的移动。若在对话框中还选中了"建立副本"对话框，确定后将实现工作表的复制。

4．隐藏和显示工作表

在一个工作簿中，必须至少有一个工作表处于可视状态，其它的工作表都可以隐藏起来。要隐藏工作表，可以通过"开始"→"单元格"→"格式"下拉列表，选择"隐藏和取消隐藏"即可实现选中工作表的显示或隐藏。

5．修饰工作表

修饰工作表也称工作表格式化，就是对工作表外观进行调整，便于查看分析。

(1) 查看行高或列宽。

在行号下框线(列标的右框线)上按住鼠标左键即可查看行高或列宽。

(2) 调整行高或列宽。

　　在要调整行的下框线(列的右框线)上按住鼠标左键拖动到需要的高度(宽度)后放开鼠标。若要同时调整多个行(列)为同样的指定高度(宽度)，可选中要调整的行(列)后单击鼠标右键，选择相应的命令后给定调整值。

　　(3) 设置单元格格式。

　　选择"开始"→"样式"→"单元格样式"，或右键单击选定单元格，从打开的快捷菜单中选择"设置单元格格式"，将打开单元格格式对话框。

　　① 数字标签。对单元格中的数据进行分类，根据不同分类设置不同数据格式。

　　② 对齐标签。对单元格中数据的位置进行水平和垂直两个方向上的规范。并允许设置文本自动换行、单元格合并、文本等特殊效果。

　　③ 字体标签。对单元格中数据的字体、大小等进行格式化。

　　④ 边框标签。为单元格中数据添加边框效果。

　　⑤ 填充标签。为单元格添加底色或图案。

　　⑥ 保护标签。将单元格数据锁定或隐藏起来。需要与保护工作表搭配使用。

　　(4) 清除格式。选定要清楚格式的区域，打开"开始"→"编辑"→"清除"，选中"清除格式"选项就可将选定区域内的单元格设置恢复成常规格式。

　　(5) 隐藏行或列。

　　隐藏行或列是将其从屏幕显示中剔除，但其数据仍处于可使用状态。选定要隐藏的行或列，右键打开其快捷菜单，选择"隐藏"即可隐藏选中的行或列。但若要取消隐藏，则必须选中隐藏行(列)相邻的上下两行(左右两列)，右键打开快捷菜单，选择"取消隐藏"即可恢复隐藏行或列的显示。

　　(6) 自动套用格式。

　　Excel 中提供了许多专业的工作表格式，用户可使用"开始"→"样式"→"套用表格格式"来快速修饰工作表。在"套用表格格式"列表中单击任意项，即可实现为当前选定区域套用该表格样式。还可点击"新建样式"选项打开"新建表快速样式"对话框，从中选择要套用的格式类别或完全重新定义。默认情况下是全部套用。

　　(7) 模板使用。

　　在日常工作中，习惯使用的表格格式总是大同小异，变动较大的只有表格中的数据而已。为避免重复对所创建的表格进行相同的格式化操作，可以使用系统预先提供的模板。模板是一些工作簿文件，其中的工作表结构已经设置好，用户只需要向模板中添加数据，剩余的格式化操作均可以自动按模板设置好的方式实现。实际上，在系统中新建任何一个工作簿均是以一个模板为基础创建的。Excel 模板文件的扩展名为.xltx 或 .xltm。

　　若系统提供的模板中没有我们需要的形式，且这种形式今后常用，就可以将其设定为自定义模板。方法如下：创建一个工作簿，根据需要对其进行格式化；单击 Office 按钮选择"另存为"→"其它格式"，在打开的对话框中选择文件类型为"模板"，键入模板文件名，单击"确定"即可在系统默认的模板文件夹中创建一个用户自定义模板。

　　6. 打印工作表

　　为了将工作表按要求打印出来，可根据需要对其进行打印效果的设置。

　　(1) 页面设置。对打印方向、纸张大小、页眉或页脚、页边距等的设置是页面设置的内容。单击"页面布局"→"页面设置"扩展按钮，打开如图 8-3 所示对话框。

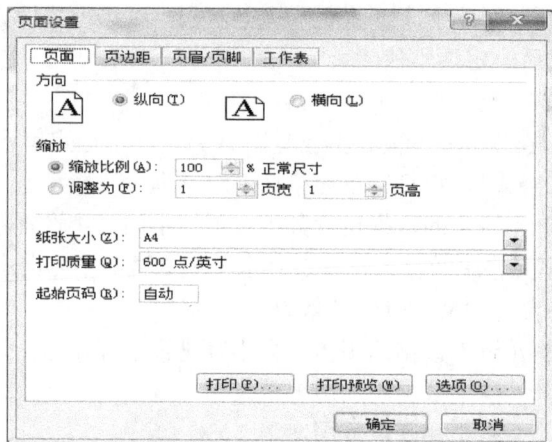

图 8-3　页面设置对话框

① "页面"标签：可对设置纸张大小、打印方向、打印内容的缩放比例及打印质量等内容。

② "页边距"标签：页边距是指实际打印内容的边界与打印所用纸张边缘的距离，其默认单位是厘米。若要使工作表在打印时在上下边距之间居中，可勾选居中方式中的"垂直"；若要使工作表在打印时在左右边距之间居中，可勾选居中方式中的"水平"。

③ "页眉/页脚"标签：用于设置打印页号、表格名称、作者信息等文档的相关内容。页眉位于打印页的顶端，页脚位于打印页的底端。无论是页眉还是页脚都可以通过相应的下拉列表来使用 Excel 内置的形式，或者点击相应的自定义按钮实现页眉/页脚的个性化定义。

④ "工作表"标签：该标签"打印区域"允许在对应文本框可编辑状态下，用鼠标直接选择希望打印的区域。若要打印多个区域，可用逗号分隔各个不同的打印区域。"打印标题"用于设置某行(某列)区域为顶端(左端)标题行(列)。"打印"选项允许用户根据需要打印一些特殊效果。"打印顺序"用于一个工作表不能在一个打印页中完整打印时控制页码的打印次序。若要打印的不是普通工作表而是图表时，"工作表"标签就被"图表"标签取代，以更好地控制图表的打印效果。

(2) 分页设置。

如果需要打印的工作表内容不止一页，而 Excel 自动插入的分页效果不能令人满意，就需要对打印页进行设置。

选择"视图"→"工作簿视图"→"分页预览"，将工作表从普通视图切换到打印时使用的分页视图状态。在这里，蓝色线条就是 Excel 中的分页符，分页符所包围的区域即打印区域。用户可通过鼠标拖动分页符来实现打印区域的更改、分页符的调整，还可选择一行(一列)作为新页的首行(首列)，在快捷菜单中单击"插入分页符"来实现分页符的插入。对于用户插入的分页符，可以通过选定分页符下方或右方的一个单元格，然后单击快捷菜单中的"删除分页符"来删除该分页符。如果要删除所有插入的分页符，可单击快捷菜单中的"重设所有分页符"来实现。

(3) 打印设置。

选定要打印的区域后，可使用 Excel 的打印预览功能来查看或设置相应选项以达到满意的打印效果。使用 Office 按钮→"打印"→"打印预览"，打开如图 8-4 所示的预览视图。

"显示比例"用于放大或缩小一个打印页的内容；"页面设置"用于打开"页面设置"对话框；"显示边距"复选框能可视地改变页边距相关设置；"关闭打印预览"将从打印预览视图窗口回到原来的编辑视图下。

7. 同一个工作簿的多窗口查看

多窗口查看工作簿的功能，可方便地查看工作表数据，并可在几个文件之间进行切换和共享数据。

图 8-4　打印预览视图

(1) 新建窗口。

单击"视图"→"窗口"→"新建窗口"可为当前工作簿打开另外一个窗口，新窗口中内容与原来窗口的内容完全一样，在任一窗口中的操作，均会作用到另一个窗口中。

(2) 隐藏与显示窗口。

当打开的窗口过多得影响查看效果时，可使用"视图"→"窗口"→"隐藏"来实现对暂时不用的窗口进行隐藏。取消隐藏时，可单击"视图"→"窗口"→"取消隐藏"重新显示选中的工作簿。

(3) 拆分窗口。

拆分窗口可将一个工作表窗口分成几个部分，便于同时查看工作表的几个不同区域。

在工作簿窗口的垂直滚动条顶端和水平滚动条右端，系统分别提供了用于分割窗口的水平拆分条和垂直拆分条。拖动任一拆分条可将当前工作表窗口分割成两个部分。将拆分条拖回起始点即可实现取消窗口拆分。

(4) 冻结窗格。

当一个工作表的数据区域大于屏幕可显示的区域时，随着行列的滚动查看，行列的标题会从显示区域中消失，这就使数据查看变得很不直观。冻结窗格就可解决这个问题。一旦在选定的单元格冻结了窗格，今后再滚动行列时，指定单元格上方的行和左边的列将不会跟着滚动，而会一直显示在屏幕上。

冻结窗格的相关命令在"视图"→"窗口"区的"冻结窗格"列表中。选定的冻结点，可以是行、列或单元格，这时将在当前工作表窗口中出现冻结线，将冻结线以上或左边的区域固定下来，其余内容仍随滚动条变化。要取消冻结效果，同样在"冻结窗格"列表中选择"取消冻结窗格"即可。

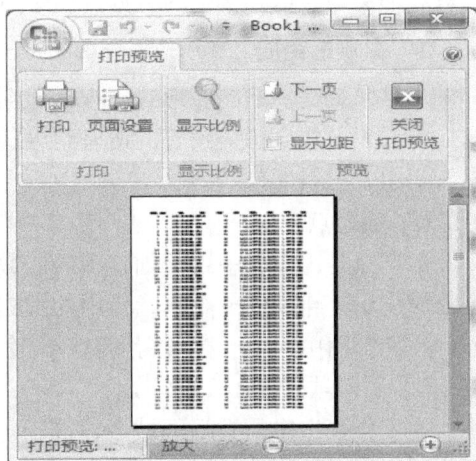

8.2.6　图表

Excel 中的图表包括柱形图、折线图、饼图、条形图、面积图、散点图等形式，可更为直观和形象地表达表格中的数据，便于数据处理与分析。

1．图表的组成

尽管系统提供的图表形式多样，但图表的组成是相同的，都由图表区和绘图区两部分组成。图表区包含了该图表的所有组件；绘图区则用于显示根据数据所创建出来的图形。通常，图表的组件包括：

(1) 数据点。

数据点是工作表中用于创建图表的数据在图表中对应的表示形式，即图表中的一个数据点对应于工作表中一个单元格中的数据。数据点在不同的图表中以不同的形状表示，例如，在柱形图中，一个柱形高度对应一个数据点，这时的数据点就表示为柱形。

(2) 图例项(系列)。

在工作表选中的数据区域中，同一行(一列)数据的集合就构成一个系列，表示为图表中相关数据点的集合。例如表 8-2 所示学生成绩表中的"平时成绩"和"总评成绩"就是两个系列。通常，不同系列以不同的图案、颜色和符号来区分，如图 8-5 所示为学生成绩折线形图表。

表 8-2　学 生 成 绩 表

学号	姓名	平时成绩	期中成绩	期末成绩	总评成绩
2014001	某一	85	72	80	78
2014002	某二	86	68	72	72
2014003	某三	76	80	84	82
2014004	某四	89	82	80	82
2014005	某五	92	94	91	92
2014006	某六	98	96	92	94
2014007	某七	60	59	60	60
2014008	某八	90	82	88	86
2014009	某九	71	74	70	71
2014010	某十	65	58	54	56

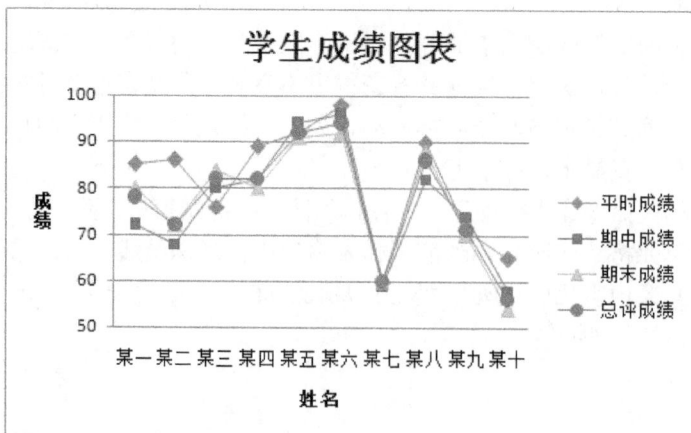

图 8-5　学生成绩折线形图表

(3) 水平(分类)轴标签。

分类针对的是数据系列中的不同数据，以系列中的数据点来表示。如学生成绩表中"某一"的各种成绩就是一个分类。

(4) 坐标轴。

坐标轴是标识数值大小及分类的水平线和垂直线。通常情况下，水平轴表示数据分类，垂直轴表示图例项数值。根据所选图表类型不同，坐标轴是图表的可选组件。例如，饼图中就没有坐标轴。

(5) 网格线。

网格线是把坐标轴上的刻度沿水平或垂直方向扩展到整个绘图区域的直线。使用网格线便于观察数据点与坐标轴的相对位置，可更好地估计数据点的实际数值。

(6) 图例。

图例给出图表中符号、颜色或形状定义数据系列时所代表的含义，它由代表数据系列的图案和对应的数据系列名称构成。如学生成绩图表中的数据系列"期末成绩"对应的图案是红色的小三角。

(7) 图表文字。

图表文字通常有两种：第一种是图表标题，用于说明图表内容，可在图表中移动，如学生成绩图表中的"学生成绩图表"；第二种是数据轴标题，用于说明数据轴的分类及数值内容，如学生成绩图表中的水平轴标题"姓名"和垂直轴标题"成绩"。

2. 创建图表

以工作表数据为基础可直接创建图表。选择"插入"→"图表"区中不同选项可创建相应的图表。

3. 修改图表

图表生成后，若要修改图表格式，可右键单击图表区空白区域，从快捷菜单中选择"设置图表区域格式"进行更改。同样，要修改绘图区格式，可右键单击绘图区的空白区域，从快捷菜单中选择"设置绘图区格式"进行更改。在打开的快捷菜单中，均可更改数据源和图表类型。

若要修改图表中各个组件格式，可在图表中右键单击要更改格式的组件，打开快捷菜单，选择"设置××格式"进行修改。

4. 删除图表

选中整个图表，按"Delete"键即可删除。

8.2.7 数据处理

1. 数据清单

数据清单是一个二维结构的表格，由行和列，即记录和字段构成。记录是一个完整的信息集合，如学生成绩表中"某一"的信息。字段是单个数据项，如某一的平时成绩85。数据清单有以下特点：

(1) 由工作表中的单元格数据组成。

(2) 第一行为字段名，字段名必须唯一，其余行均为数据。

(3) 每一行构成一条完整的记录，不允许有空字段。

(4) 每一列是一个字段，同一列的数据性质相同。

数据清单是 Excel 中用于组织和管理工作簿中与分析处理相关的数据的简化二维表。

2. 数据排序

对数据进行排序是数据分析必不可少的操作。利用排序可重新组织数据，使用户能从不同角度观察数据。在系统的常用工具栏中提供了两个排序按钮，分别实现"升序"和"降序"功能。

(1) 排序规则。

① 升序：字符按字母表顺序、数字由小到大、日期由前向后排序。

② 降序：字符按反字母表顺序、数字由大到小、日期由后向前排序。

注意：若对中文汉字进行排序，则应依据汉字内码来排序。

(2) 基本排序。

选定要排序的数据或数据清单，选择"数据"→"排序和筛选"→"排序"，在打开的对话框中设置排序条件，即排序依据和排序使用的关键字(数据字段名称)，点击"确定"键，可完成对所选数据的排序。

(3) 自定义排序。

系统允许使用已知的自定义序列作为排序依据，例如前面讲到过的"甲、乙、丙、…"、"星期一、星期二、…"等。自定义排序的方法是：在"排序"对话框中打开"次序"下拉列表，选择"自定义序列"，从自定义列表中选择所需的序列即可实现自定义排序。

(4) 按笔划排序。

有时候会遇到要求按姓名笔划进行排序的情况。这个功能也可以在"排序"对话框的"选项"中进行设置，选择"笔划排序"即可。

3. 数据筛选

筛选是从众多数据中挑选出符合指定条件的数据记录显示在工作表中，而将那些不满足条件的记录从视图中隐藏的一种操作。利用数据筛选能在不破坏源数据的情况下，将指定数据提取出来。进行筛选前应当确保每列有一个字段标题，同列数据类型相同，不允许出现空单元格。

(1) 自动筛选。

自动筛选是系统提供的一种快速筛选的方法。单击数据清单中任意单元格选定数据，单击"数据"→"排序和筛选"→"筛选"，数据清单中每个字段名的右侧将出现一个下拉列表箭头，单击它以指定筛选条件。利用下拉列表所指定的筛选条件针对其左边紧接着的字段，可以是该字段的某个值，也可以是用户自定义的筛选条件。例如，使用下拉列表中的"××筛选"→"自定义筛选"可实现对大于或小于指定值的数据进行筛选。在自定义筛选中，若是筛选文本，还可以使用通配符实现模糊查找。其中"？"用于匹配任意一个字符，而"*"用于匹配任意多个字符。要注意的是，"？"与"*"应该在英文状态下输入，否则无效。

(2) 高级筛选。

当筛选条件更为复杂，自动筛选不能满足需要时，就要使用高级筛选功能来实现数据筛选。高级筛选需要在选定的数据清单所在工作表的空白区域中单独设置一个筛选条件区域。该条件区域至少有两行，第一行为字段名，第二行为条件值。设置好条件区域后即可如下进行高级筛选：选定数据清单，单击"数据"→"排序和筛选"→"高级"。在高级筛选对话框中设定"方式"并指定条件区域和目标区域，确定即可实现按条件筛选。

当条件区域中设置的条件不止一个时，就会存在条件运算。系统允许在条件区域中设置条件的"与"和"或"运算。条件值都是输入在字段名下方对应的单元格中的，若在同行输入不同字段对应的条件，则这些条件之间是"与"运算关系，即所有条件都满足的数据才会被筛选出来；若在不同行输入不同字段对应的条件，则这些条件之间是"或"关系，即满足其中任一条件的数据均会被筛选出来。

(3) 取消筛选。

虽然筛选不会以任何方式更改用户的数据，但它会隐藏不满足条件的数据记录。若要恢复数据清单的原貌，需要取消筛选。

取消自动筛选的方法可再次单击"数据"→"排序和筛选"→"自动筛选"。只有筛选方式为"在原有区域显示筛选结果"时才可取消得到的高级筛选结果，方法是选中"数据"→"排序和筛选"→"清除"。

4．分类汇总数据

分类汇总是对数据清单的某个字段，按照指定的分类方式进行汇总并显示结果。利用分类汇总，用户可统计数据，并根据需要显示或隐藏数据明细。分类汇总的前提是分类数据已经排序。

用户可使用"数据"→"分级显示"→"分类汇总"来创建汇总表。对某个字段进行分类汇总前，应该先对该字段进行排序，以便将同一类的记录放在一起。汇总的方式主要有求和、求平均、求最大值等。

分类汇总的结果可以使用分级显示符号"1、2、3"和"+、-"来显示或隐藏分类汇总的明细数据。

Excel 允许在一个分类汇总结果的基础上嵌套使用其它分类汇总字段再次进行分类汇总操作。要注意的是，在嵌套分类汇总之前，所有需进行分类汇总的字段列均应该对数据清单进行排序，且必须确保没有选中"替换当前分类汇总"。

若要删除一个工作表中所有的分类汇总，可单击"分类汇总"对话框中的"全部删除"按钮；若只想删除分类汇总的分级显示，而保留汇总数据，可选择"数据"→"分级显示"→"隐藏明细数据"。

5．数据透视表

数据透视表是一种对大量数据快速汇总并建立交叉列表的交互式表格。它允许转换行列查看源数据的不同汇总效果，可以显示不同页面来筛选数据，还可以根据需要改变汇总效果等。

（1）基本术语。

① 源数据：用于创建数据透视表的数据行或数据清单。

② 报表筛选：在数据透视表中指定为页方向的字段，它将按页显示。

③ 行标签：在数据透视表中指定为行方向的字段，它将按行显示。

④ 列标签：在数据透视表中指定为列方向的字段，它将按列显示。

⑤ 数值：源数据清单中所包含的数据字段，可以用于汇总计算。

⑥ 数据区域：显示汇总数据结果的透视表区域。

（2）创建数据透视表。

创建数据透视表的方法是：单击"插入"→"数据透视表"，根据向导逐步操作。

（3）更改汇总方式。

单击数值字段右侧箭头，选择"值字段设置"对汇总方式进行更改。

（4）设置布局。

选中数据透视表可打开数据透视表特有的选项卡"选项"和"设计"。通过它们可以对数据透视表重新进行布局设置。

（5）查看数据透视表中数据。

① 使用数据透视表工具"选项"卡上"活动字段"区，展开/折叠整个字段可查看明细数据。

② 使用分类字段右侧选项，如："全部、男、女"等，可分类查看数据。

（6）删除数据透视表。

首先选中要删除的数据透视表：单击数据透视表工具"选项"→"操作"→"选择"→"整个数据透视表"，然后删除；选中"开始"→"编辑"→"清除"→"全部清除"，即可删除整张数据透视表。

8.3 实　　验

8.3.1 基本实验

➢ **实验 1　电子表格处理的基本操作**

● **实验目的**

熟练掌握电子表格处理 Excel 的基本操作。

● **实验内容**

（1）在 Excel 中创建一个空白工作簿，文件名为"***学号***.xlsx"(注意，黑斜体部分请换成自己的学号)。将 Sheet1 改名为"成绩 1"，输入表 8-3 所示成绩表初始内容。

（2）在工作表"成绩 1"的最右侧插入两列，名称依次为"总评成绩"、"等级"。调整"学号"、"姓名"、"性别"、"班级"、"等级"列的列宽为 80 个像素，调整"平时成绩"、"期中成绩"、"期末成绩"、"总评成绩"列的列宽为 85 个像素。设置"平时成绩"只能为[60～100]的整数，"期中成绩"和"期末成绩"只能为[0～100]的整数；

(3) 将标题行的行高设置为 20 磅，水平居中，垂直居中，字体为新宋体，字形为加粗，字号为 12 磅，底纹图案样式为"25%灰色"，颜色为"橙色"；

(4) 在工作表"成绩 1"顶部插入一行，输入"学生成绩表"，字体为黑体，字号 20 磅，蓝色，跨列居中(使它位于所制作表格的上方中央位置)。给表格添加表格框线，内部为单实线，外部为双实线；

表 8-3　成绩表初始内容

学号	姓名	性别	班级	平时成绩	期中成绩	期末成绩
		男	一班	85	72	80
		女	一班	86	68	72
		男	二班	76	80	84
		女	二班	89	82	80
		女	一班	92	94	91
		女	二班	98	96	92
		男	二班	60	59	60
		女	一班	90	82	88
		男	一班	71	74	70
		男	二班	65	58	54

(5) 在"学号"列从上到下依次填充文本数据"20140101"至"20140110"，要求水平居中。在"姓名"列从上到下依次填充文本数据"张一"至"张十"，要求水平居中；

(6) 要求"期末成绩"列能自动识别高于 90 分的成绩，并将其显示成蓝色粗体；

(7) 保存修改后的文件。

➢ **实验 2　使用公式和函数**

● **实验目的**

正确使用公式和函数。

● **实验内容**

(1) 在工作表"成绩 1"中，按照"总评成绩＝平时成绩×10％＋期中成绩×30％＋期末成绩×60％"来计算"总评成绩"，要求进行四舍五入只保留整数，并且若成绩不及格要以红色粗体显示。

(2) 在"学生成绩表"右下角位置显示当前日期。

(3) 根据表 8-4 所示的分数等级转换表计算"总评成绩"的等级，记录到"学生成绩表"的"等级"列中。

表 8-4　分数等级转换表

分数等级	优(≥)	良(≥)	中(≥)	差(<)
转换关系	89.5	74.5	59.5	59.5

(4) 在工作表"成绩 1"中空白处输入成绩统计表 8-5 所示内容。

表 8-5   成绩统计表

平均分					
最高分					
最低分					
分数段	90~100	80~89	70~79	60~69	0~59
人数					

(5) 根据"总评成绩"计算得到"成绩统计表"中的"平均分"、"最高分"、"最低分"，并统计"总评成绩"在各个"分数段"上的"人数"。

(6) 将修改后的文件保存在文件夹"实验 3"中。

(7) 将"实验 3"文件夹提交到"e-learning"的相应课程中。

8.3.2 扩展实验

➢ **实验 3   数据处理**

● **实验目的**

掌握对工作表中数据进行处理的基本操作。

● **实验内容**

(1) 打开 "*学号*.xlsx"文件，新建工作表"成绩 2"，将 Sheet2 和 Sheet3 工作表名称分别重命名为"成绩 3"和"成绩 4"。

(2) 将工作表"成绩 1"中的"学生成绩表"中的主体内容(不含"学生成绩表"行和"当前日期")复制到工作表"成绩 2"中，要求：

① 仅仅复制数值。

② 筛选出"班级"为"二班"，且"成绩"大于等于 80 分的学生，在工作表"成绩 2"中另辟一块区域显示筛选结果。

(3) 将工作表"成绩 1"中的"学生成绩表"中的主体内容(不含"学生成绩表"行和"当前日期")复制到工作表"成绩 3"中，要求：

① 仅仅复制数值。

② 根据"班级"分类汇总"平时成绩"、"期中成绩"、"期末成绩"、"总评成绩"的平均值。

(4) 将工作表"成绩 1"中的"学生成绩表"中的三个字段"性别"、"班级"、"总评成绩"的标题及内容都复制到工作表"成绩 4"中，要求：

① 仅仅复制数值。

② 按班级制作数据透视表，行字段为"性别"，列字段为"等级"，数值为"总评成绩"的"平均值"。

(5) 保存修改后的文件。

➢ **实验 4   图表制作**

● **实验目的**

掌握由数据表制作相关格式图表的基本操作。

● **实验内容**

(1) 在工作簿"**学号**.xlsx"中新建工作表"成绩 5"； 将工作表"成绩 1"中的"学生成绩表"中的学号、姓名及各种成绩全部复制到工作表"成绩 5"中，要求：

① 仅仅复制数值。

② 在"工作表 5"中制作"数据点折线"图表，该系列有"平时成绩"、"期中成绩"、"期末成绩"和"总评成绩"，分类轴(标题)为"学号"，数值轴(标题)为"成绩"，靠右显示图例。

③ 设置系列格式如图 8-6 所示。

(2) 将修改后的文件保存在文件夹"实验 3"中。

(3) 将"实验 3"文件夹提交到"e-learning"的相应课程中。

8.3.3 学有余力

➢ **实验 5 复杂筛选**

设计一个实验，用于测试高级筛选的条件设置：

(1) 能测试多个条件"与"、"或"的搭配效果。

(2) 能测试通配符"?"与"*"的使用效果。

图 8-6 系列格式

第九章　PowerPoint 演示文稿

使用 PowerPoint 创建的文档称为演示文稿，文件扩展名为 .pptx。一个演示文稿由一系列幻灯片组成，可以在计算机屏幕上或通过投影仪在屏幕上进行放映。

9.1　工 作 环 境

启动 PowerPoint 进入如图 9-1 所示工作环境，此时，窗口主体部分可分为三个部分：大纲窗格、幻灯片窗格和备注窗格。

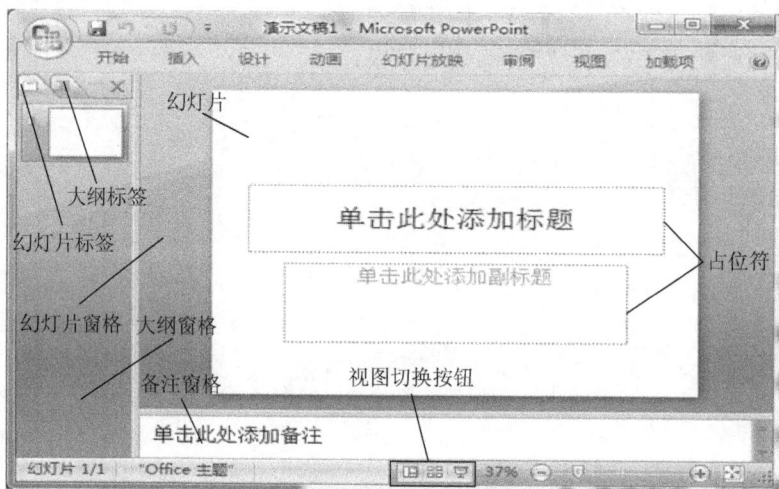

图 9-1　普通视图工作环境

1. 大纲窗格

大纲窗格中包含两个标签，用于切换显示当前演示文稿中各张幻灯片的内容或缩略图。

2. 幻灯片窗格

幻灯片窗格主要用于显示和编辑当前幻灯片。

一张幻灯片通常包括这样一些组成：编号、标题、占位符、表格、插图、声音等。

(1) 编号。

编号即幻灯片的顺序号，决定各个幻灯片的排列顺序和播放顺序，由系统自动设置。增删幻灯片都会改变幻灯片编号。

(2) 标题。

标题在大纲窗格中作为幻灯片的名称，通常也决定了幻灯片的主题。

(3) 占位符。

占位符指幻灯片上各个元素所占的位置，以虚线框显示在幻灯片窗格中。它通常由幻灯片的版式设定，用户也可以根据需要进行修改。版式是幻灯片上标题、文本、表格、图形、图像、声音等内容的布局。

(4) 其它元素。

其它元素包括可在幻灯片中插入的各种元素，如文本框、表格等。

3. 备注窗格

备注窗格用于查看和编辑当前幻灯片的备注文字。

4. 视图切换按钮

视图切换按钮用于转换不同的演示文稿展示方式。图 9-1 是系统默认的普通视图，提供了三种不同的视图，分别是普通视图、幻灯片浏览视图和幻灯片放映视图。此外，PowerPoint 还提供了备注页视图。

(1) 普通视图。

普通视图是系统默认的视图，综合了其它三种视图的优点，可以同时观察到演示文稿中某个幻灯片的显示效果、大纲级别及其备注内容。

(2) 幻灯片浏览视图。

幻灯片浏览视图将多张幻灯片缩小显示在同一窗口中，以便增删或排序幻灯片。在此视图下不能编辑幻灯片内容，要双击幻灯片进入普通视图后才能编辑。

(3) 幻灯片放映视图。

幻灯片放映视图决定放映幻灯片的形式。

(4) 备注页视图。

备注页视图用于显示和编辑备注信息，既可以插入文本，也可以插入图片等对象。需要注意的是，在普通视图下备注窗格不能显示对象信息，只能显示和编辑文本信息。要切换到备注页视图，可以选择"视图"→"备注页"。

9.2 基 本 操 作

9.2.1 创建演示文稿

1. 创建"空白演示文稿"

空白演示文稿是基于默认模板创建的演示文稿，通常，其中的幻灯片除占位符外不包含任何具体内容。

2. 利用"模板"创建

基于模板创建外观统一的演示文稿。模板可来自"已安装的模板"、"已安装的主题"和"我的模板"。

3．根据"现有内容新建"

基于已有演示文稿创建新演示文稿。

9.2.2　操作幻灯片

编辑演示文稿即编辑其中的幻灯片。

1．插入幻灯片

选中幻灯片，按下"Enter"键，即可在所选幻灯片之后插入一张新的幻灯片，或选择"开始"→"幻灯片"→"新建幻灯片"可新建特定版式的幻灯片。

2．删除幻灯片

选中幻灯片，选择"开始"→"幻灯片"→"删除"，或按下"Delete"键即可删除所选幻灯片。

3．复制和移动幻灯片

在大纲窗格中选中幻灯片，将其拖到目标位置即可移动幻灯片，如同时按下"Ctrl"键即可复制幻灯片。

4．文本编辑

单击幻灯片中的文本占位符即可进入文本编辑状态。

5．更改幻灯片版式

选择"开始"→"幻灯片"→"版式"，打开"幻灯片版式"列表，从中选择所需版式即可更改幻灯片版式。

6．改变幻灯片背景

选择"设计"→"背景"，打开"背景样式"列表，选择需要的背景样式，或单击"设置背景格式"选项进行更细致的背景设置。

9.2.3　添加对象

在幻灯片中，可插入对象包括文字、图片、剪贴画、艺术字、超链接、影片、声音、图表、表格等。

1．插入艺术字

艺术字是一种特殊的图形。插入艺术字的方法是：单击"插入"→"文本"→"艺术字"，在"艺术字库"中选择一种艺术字样式，在新弹出的文本框中输入想插入的艺术字内容，单击输入框以外位置确定输入结束。

艺术字四周有 8 个白色小圆，上部有一个绿色小圆，侧边还有一个黄色小菱形，这些称作"控制点"。白色小圆称缩放控制点，拖动可调整艺术字大小；绿色小圆称旋转控制点，拖动可旋转艺术字。若要设置艺术字显示效果，可选择绘图工具"格式"选项卡提供的多种编辑操作。

2．插入文本框

PowerPoint 的所有文本都位于文本框中。

打开"插入"→"文本"→"文本框",选择"横排文本框"或"垂直文本框",进入插入文本框状态。此时,若单击目标位置,可插入单行文本框;若在目标位置上拖出一个区域,可插入多行文本框。随着输入文字增多,单行文本框会向右变长;多行文本框会自动换行。

单击文本框,如文本框内有光标,表示文本框处于文本编辑状态;如文本框内无光标,表示文本框处于选定状态,可以实现文本框移动、删除等操作。

打开文本框快捷菜单,或使用绘图工具的"格式"选项卡,均可设置文本框格式并修饰文本。

3. 插入表格

选择"插入"→"表格",在"插入表格"对话框中输入行列数即可插入表格。

选中表格可打开表格工具的"设计"或"布局"选项卡,通过它们设置修改表格格式。

4. 插入插图

PowerPoint 中插图分为六大类:图片、剪贴画、相册、形状、SmartArt 和图表。

(1) 插入图片。

PowerPoint 支持的图片文件很多,包括 .jpg、.png、.bmp、.gif、.tif 等。

插入图片的方法是:单击"插入"→"插图"→"图片";在"插入图片"对话框中设置要插入的图片及插入方式。

如要设置图片格式,可选择图片工具对应的"格式"选项卡上的各个选项来完成,也可通过图片的控制点调整图片的位置和大小。

(2) 插入剪贴画。

剪贴画是 Office 提供的一个素材集,含有丰富的矢量图和位图,用户可直接选用。

插入剪贴画的方法是:"插入"→"插图"→"剪贴画"。在"剪贴画"任务窗格中搜索需要的剪贴画,单击插入。有时候可能需要使用复制粘贴才能把剪贴画插入到幻灯片中。

(3) 插入相册。

PowerPoint 相册就是 PowerPoint 演示文稿。可以通过插入相册来创建、展示系列照片。

插入相册的方法是:"插入"→"插图"→"相册";可选择"新建相册"或"编辑相册"。前者用于创建相册,后者则用于修改已存在相册的效果设置。

(4) 插入形状。

形状是 Office 的特色之一,用户可利用它绘制特殊复杂的图形。

选择"插入"→"插图"→"形状"会列出一个 Office 提供的形状集,单击其中任一形状,即可在幻灯片上绘制相应图形。

形状大部分都是通过拖动鼠标实现绘制的,但是有两个特例,即"线条"类的"曲线"和"任意多边形"。"曲线"用于绘制带有弯度的弧线或曲边封闭图形,插入方法是:在起点处单击,在需要转弯处继续单击,鼠标移动过程中曲线形状会随之变化,在终点处双击,结束曲线绘制;如终点与起点重合,则绘制曲边封闭图形;"任意多边形"用于绘制折线或多边形,插入方法与曲线类似。当"曲线"和"任意多边形"绘制完毕后,要改变其形状,方法是:选中图形,单击绘图工具对应的"格式"→"插入形状"→"编辑形状"→"编辑顶点”，拖动顶点编辑形状。

如一个图形由多个形状组成，可通过“叠放次序”调整它们的叠放关系，也可通过“组合”将它们组合成一个整体。如要设置形状格式，可从快捷菜单中选择“设置形状格式”。

(5) 插入 SmartArt 图形。

SmartArt 图形是信息和观点的视觉表示形式。选择“插入”→“插图”→“SmartArt”打开“选择 SmartArt 图形”对话框。选择不同分类对应不同列表选项，单击需要的 SmartArt 图形即可插入。

下面以“组织结构图”为例来稍作说明。

如需表达等级或层次，那么组织结构图是最好的选择。插入组织结构图的方法是：选择“插入”→“SmartArt”→“层次结构”→“组织结构图”，将插入一个多级组织结构图，并新增两个 SmartArt 工具：“设计”和“格式” 选项卡。

① 输入和编辑文本。

单击要编辑修改的图框使之处于编辑状态，即可输入和编辑文本，包括设置文本格式。

② 设置图框格式。

从图框快捷菜单中选择“设置形状格式”即可设置图框格式。

③ 增加图框。

在 SmartArt 工具“设计”选项卡中，单击“创建图形”→“添加形状”可添加新类型的图框(在后面添加形状、在前面添加形状、在上方添加形状、在下方添加形状、添加助理)。

④ 删除图框。

选中图框，按下“Delete”或“Backspace”键即可删除图框。

⑤ 改变组织结构图外观。

选中整个组织结构图而非某个组成元素，选择“设计”→“SmartArt 样式”或“布局”均可设置组织结构图外观。

⑥ 改变组织结构图版式。

SmartArt 工具的“设计”→“创建图形”→“布局”列表提供了四种版式：标准、两者、左悬挂、右悬挂。标准，将选定图框之下的所有图框居中；两者，将选定图框之下的所有图框以每行两个的方式水平排列，并将选定图框在它们的上方居中；左悬挂，将选定图框之下的所有图框左对齐垂直排列，并将选定图框置于它们的右侧；右悬挂，将选定框之下的所有图框右对齐垂直排列，并将选定图框置于它们的左侧。

(6) 插入图表。

插入图表的方法是：首先，选择“插入”→“插图”→“图表”，插入一个选定类别的图表和与之关联的默认数据表；其次，修改数据表数据，即可得到与数据表数据一致的图表。

如要设置图表格式，必须在图表编辑状态下，从新增的图表工具“设计”、“布局”和“格式”选项卡中选择相应的选项来设置各种效果。例如，选择“格式”→“形状样式”可设置形状效果；选择“设计”→“图表布局”可得到不同样式的图标效果；选择“布局”→“坐标轴”可设置图表中的坐标效果。

5．插入多媒体对象

多媒体对象包括图形图像、声音和视频。

(1) 插入声音。

声音指可识别的音频文件，包括 .mid、.mp3、.wav、.wma 等。在插入声音前，最好将音频文件和演示文稿放在同一文件夹中。插入声音的方法是：单击"插入"→"媒体剪辑"→"声音"。若选择"文件中的声音"，在"插入声音"对话框中双击音频文件，在弹出的对话框中选择"自动"或"在单击时"。"自动"指当播放该张幻灯片时声音自动播放，"在单击时"指当播放该张幻灯片时单击鼠标声音才会播放。

声音插入后以一个喇叭形状的图标来标识，该图标可在放映幻灯片时隐藏或显示，在编辑幻灯片时双击可试听，单击可停止。

除了插入来自文件的音频对象之外，还可以插入其它类型的音频对象。

(2) 插入影片。

影片指可识别的视频文件，包括 .asf、.avi、.mpg、.wmv 等。在插入影片前，最好将视频文件和演示文稿放在同一文件夹中。插入影片的方法与插入声音的方法基本一样："插入"→"媒体剪辑"→"影片"。

影片插入后，可通过控制点调整大小，双击影片可播放，单击影片可暂停或继续，单击空白区域可取消。影片上不能再叠放其它对象，不能通过在影片上放置文本框制作字幕。

除了插入来自文件的视频对象之外，还可以插入其它类型的视频对象。

(3) 插入超链接。

通过超链接，可跳转到同一演示文稿的其它幻灯片，或其它演示文稿、Excel 文档、Word 文档、Web 网页、E-mail 地址，甚至运行一段程序等。

幻灯片中的许多对象，包括文本、图片等，均可设置超链接。插入超链接的基本方法是：选中对象，选择"插入"→"链接"→"超链接"，设置链接目标。

通过"插入"→"链接"→"动作"，可设置激活超链接的交互动作："单击鼠标"和"鼠标移过"。由于"鼠标移过"方式可能导致意外跳转，所以它更多地用于提示、播放声音或影片等情况。通过"动作设置"对话框还可设置运行程序、播放声音等更多选项。

删除超链接的方法是：在"编辑超链接"对话框中单击"删除链接"，或从对象快捷菜单中选择"取消超链接"。

9.2.4　统一幻灯片外观

通常，一个演示文稿总是表达一个主题，所以，其中的幻灯片一般具有统一的外观，如背景、标题、标志等。PowerPoint 提供了两种常用的统一幻灯片外观的方法：母版和模板。

1. 母版

母版是存储关于模板信息的模板的一个元素，这些模板信息包括背景设计、占位符大小和位置、颜色方案、字体等。

每个演示文稿有三类母版：幻灯片母版、讲义母版和备注母版。不同的母版控制不同对象的样式。其中，幻灯片母版用于设置各种版式的幻灯片。

通过"视图"→"演示文稿视图"→"幻灯片母版"/"讲义母版"/"备注母版"，可编辑不同类型的母版。修改母版，会改变当前演示文稿基于该母版的所有幻灯片的外观。

2．模板

模板是包含演示文稿样式的 .potx 或 .potm 文件，包括幻灯片母版以及背景设计、占位符大小和位置、颜色、字体等格式。

演示文稿都是基于某个模板创建，具有该模板的样式。默认情况下，演示文稿基于默认模板创建。

通过"设计"→"主题"，单击主题列表中任一选项，可重新应用对应样式到当前演示文稿以改变外观。

PowerPoint 提供了许多现成的模板，用户也可创建模板，方法是：新建一个演示文稿，主要是通过编辑母版设置所需样式，将其保存为演示文稿模板 .potx 或 .potm 文件。

3．动画与切换

动画是指为幻灯片中的文本或其它对象添加的视觉效果或者声音效果，切换是指在幻灯片切换时添加的视觉效果或者声音效果，用以突出重点并增加趣味。

设置演示文稿的各种动画效果可使用"动画"选项卡各种操作来实现。设置幻灯片间的切换效果可采用"切换到此幻灯片"区的各项操作完成；设置幻灯片上各个元素的动画效果多使用"动画"区的操作来完成。事实上，通常说的动画方案是 PowerPoint 预设的包括动画与切换效果的一组设计。

9.2.5　输出演示文稿

针对演示文稿用途，演示文稿主要有三种输出方式。

1．播放演示文稿

放映幻灯片是播放演示文稿的主要方式。

通常，放映幻灯片前要先排列幻灯片：单击"幻灯片浏览"视图按钮，或选择"视图"→"幻灯片浏览"，进入幻灯片浏览状态；删除多余的幻灯片；通过单击"幻灯片浏览"工具栏上的"隐藏幻灯片"按钮，隐藏不用的幻灯片；调整幻灯片的位置。

幻灯片排列完成之后，单击"幻灯片放映"选项卡上的不同操作来设置和播放演示文稿。

2．打印演示文稿

选择 Office 按钮→"打印"中的各个选项可设置并打印演示文稿，包括以下几个部分：

(1) 打印幻灯片。

设置"打印"对话框中的"打印内容"为"幻灯片"。

(2) 打印讲义。

设置"打印"对话框中的"打印内容"为"讲义"。这时，可在一页上放置多张幻灯片。

(3) 打印备注页。

设置"打印"对话框中的"打印内容"为"备注页"。要注意的是，如需打印的备注页也含有页眉和页脚，则必须在打印前选择"视图"→"页眉和页脚"，在"备注和讲义"选项卡中选中"页眉"和"页脚"复选框。

(4) 打印大纲。

设置"打印"对话框中的"打印内容"为"大纲视图"。这时，打印效果与"普通视图"

中"大纲"窗格的效果一致。

3．将演示文稿打包输出

有时，在一台计算机上创建演示文稿，而在另一台计算机上播放演示文稿。这时，可通过 Office 按钮→"发布"→"打包成 CD"，将演示文稿打包输出。

9.3　实　　验

9.3.1　基本实验

实验 1　编辑幻灯片及其对象

● **实验目的**

掌握编辑幻灯片的基本操作，并掌握在幻灯片中插入各种对象的方法。

● **实验内容**

(1) 新建文件夹"实验 4"。

(2) 使用"空演示文稿"新建演示文稿"个人简介.pptx"。

(3) 第一张幻灯片采用"标题幻灯片"版式，标题为"你的名字"，副标题为"你的专业名称"(在本实验中，请将"你的"文本部分换成自己的真实情况)。

(4) 第二张幻灯片要输入"标题和文本"，标题为"专业简介"，文本为你的专业基本情况。

(5) 第三张幻灯片采用"标题和内容"版式，标题为"2014 年秋季学期课程表"，内容为你的本学期课程表(只需列出专业基础课)。

(6) 在第一张与第二张幻灯片之间插入一张幻灯片，使它含有标题、文本和剪贴画三部分内容，标题为"个人简介"，文本为你的基本情况，剪贴画为你的照片。

(7) 在标题为"专业简介"的幻灯片后插入一张幻灯片，使其含有标题和组织结构图两部分内容，标题为"学院简介"，组织结构图要说明信息学院下设哪些系，各个系下设哪些专业。

(8) 在幻灯片上插入自动更新日期与页脚"个人简介"，并且标题在幻灯片中不显示。

(9) 使用不同的视图查看演示文稿"个人简介.pptx"。

(10) 将演示文稿"个人简介.pptx"保存在文件夹"实验 4"中。

➤ 实验 2　设置幻灯片放映

● **实验目的**

掌握放映幻灯片的基本方法。

● **实验内容**

(1) 打开演示文稿"个人简介.pptx"。

(2) 使用"自定义动画"设置第一张幻灯片的标题与副标题进入效果为"螺旋飞入"，声音为"风铃"。

(3) 使用"自定义动画"设置其它幻灯片的标题进入效果为"玩具风车",声音为"鼓声",文本进入效果为"颜色打字机",组合文本为"按第二级段落",声音为"打字机"。

(4) 使用"幻灯片切换"设置幻灯片切换效果为"垂直百叶窗"。

(5) 使用"幻灯片放映"观看演示文稿"个人简介.pptx"。

(6) 保存修改后的演示文稿"个人简介.pptx"。

(7) 将文件夹"实验 4"压缩成名为"*自己的学号*"的 .zip 或者 .rar 文件提交到"e-learning"的相应课程中。

9.3.2　扩展实验

实验 3　基本操作综合练习

● 实验目的

综合使用 PowerPoint 制作幻灯片。

● 实验内容

(1) 自己设计制作一个演示文稿"数据结构"(内容应该至少包括理论课介绍的数据结构知识点),保存在文件夹"实验 4"中。

(2) 数据结构分类请用图形表达。

(3) 不同数据结构各自的特点请用表格对比。

(4) 请用带动画效果的幻灯片描述不同线性结构各自的特点。

(5) 将文件夹"实验 4"压缩成名为"*自己的学号*"的 .zip 或者 .rar 文件提交到"e-learning"的相应课程中。

9.3.3　学有余力

实验 4　设置幻灯片外观

● 实验目的

掌握设置幻灯片外观的基本操作。

● 实验内容

(1) 使用"空演示文稿"新建模板文件"外观.pot"(自定义模板)。

(2) 使用"幻灯片母版"依次插入新幻灯片母版与新标题母版,删除原幻灯片母版。

(3) 修改新标题母版的标题样式为:字体为"黑体",字形为"加粗",字号为"46";副标题样式为:字体为"黑体",字号为"32"。

(4) 修改新幻灯片母版的标题样式为:字体为"黑体",字形为"加粗",字号为"36";文本样式为:字体为"黑体";日期、页脚、数字样式为:字体为"黑体",字号为"16"。

(5) 在新幻灯片母版的标题右侧插入云南大学的标志。

(6) 自选一个图片作为新标题母版与新幻灯片母版的背景。

(7) 使用"颜色方案"修改标题文本颜色为"红色"。

(8) 将日期放置到新幻灯片母版的右下角。

(9) 将页脚放置到新幻灯片母版的左侧。

(10) 将模板文件"外观.pot"保存在文件夹"实验 4"中。

(11) 在演示文稿"个人简介.pptx"中应用模板文件"外观.pot"并保存。

(12) 将文件夹"实验 4"压缩成名为"*自己的学号*"的 .zip 或者 .rar 文件提交到"e-learning"的相应课程中。

第十章　网络应用

10.1　基本概念

10.1.1　计算机网络

计算机网络是由通信线路连接的许多自主工作的计算机构成的集合，可分为资源子网和通信子网两部分。

资源子网指的是网络的软、硬件资源，包含所有由通信子网连接的主机。资源子网负责网络中数据处理的所有事务，向网络用户提供各种类型的资源和服务。通信子网指网络中用于数据传输、转接、加工变换等通信处理的设备和传输介质。通信子网完成信息分组的传递工作，每个通信节点均具有存储转发功能。

10.1.2　C/S 与 B/S

(1) C/S 结构，即 Client/Server(客户机/服务器)结构。它通过将任务合理分配到 Client 端和 Server 端，充分发挥客户端 PC 的处理能力，很多工作可以在客户端处理后再提交给服务器，这有效降低了系统的通信开销。

(2) B/S 结构，即 Browser/Server(浏览器/服务器)结构，是对 C/S 结构的一种变化或者改进的结构。客户端除了 Web 浏览器，一般无须任何用户程序，只需从 Web 服务器上下载程序到本地执行，在下载过程中若遇到服务器端指令，如与数据库有关的指令，由 Web 服务器交给 Web 应用程序服务器或数据库服务器执行，并返回给 Web 服务器，Web 服务器又返回给用户。

① 浏览器(Browser)：浏览器是最常用的客户端程序。

② 客户机(Client)：客户机又称为用户工作站，它不是毫无运算能力的输入、输出设备，而是具有一定的数据处理和数据存储能力，连接到服务器并可使用服务器所提供服务的独立的计算机。

③ 服务器(Server)：是一个管理资源，并为网络上其它计算机提供各种服务的计算机。【推荐阅读 http://baike.baidu.com/view/899.htm?fr=aladdin、http://zh.wikip edia.org/wiki/服务器】

客户机和服务器都是独立的计算机。相对于普通 PC 来说，服务器在稳定性、安全性、性能等方面都要求更高，因此 CPU、芯片组、内存等硬件和普通 PC 有所不同。局域网中的服务器可将自己的软硬件资源提供给客户机共享使用，并负责对这些共享资源进行管理；广域网中的服务器功能会有一定的偏向，通常分为文件服务器、数据库服务器和应用程序服务器等，或使用更细致的划分，如承担电子邮件收发的邮件服务器，负责识别网络用户的域名服务器等。

10.1.3　网卡

网卡是计算机之间进行通信必不可少的接口，可完成网络通信所需要的各种功能。通常会有一个固化在网卡上的物理地址，称为 MAC(Media Access Control)地址，用于唯一表明计算机身份。MAC 地址是一个 48 位二进制地址，可表示为 6 组十六进制数，如 00-51-66-A2-3C-2F。

10.1.4　网络类型

根据不同的分类标准，网络有不同分类。按照网络地域覆盖范围来划分，一般可以分为以下四类。

(1) 局域网(LAN)：地域范围在几十米到几千米不等。分布距离短，采用高速电缆连接，传输速率为 10 Mb/s、100 Mb/s 或更高，误码率低。

(2) 城域网(MAN)：地域范围在几千米到几十千米不等。传输与 LAN 类似，速率稍慢，需要用网络互联设备才能将不同局域网连接起来。

(3) 广域网(WAN)：分布距离广，可以跨国，传输速度远低于 LAN，误码率也是三种网络中最高的。

(4) 因特网(Internet)：是一个"连接网络的网络"，也称国际互联网。它不是一个单一的计算机网络，而是由遍布全球、大大小小、类型各异的许多计算机网络共同组成的一个网际网。

10.1.5　网络互联设备

网络互联时，首先要考虑在物理上如何把两种网络连接起来，然后考虑连接后的不同网络如何能实现互访与通信。网络互联设备就是替用户解决互联网络之间协议方面的差别，处理它们速率与带宽的差别等具体问题的设备。要合理正确地使用网络互联设备，就必须了解不同的网络互联设备。

(1) 中继器(Repeater)：用于对数字信号进行放大，以扩展网络传输距离，使用个数有限。

(2) 集线器(Hub)：是一种多端口的中继器，也是局域网内连接多台计算机的设备。集线器所有端口共享集线器带宽。集线器正逐步为交换机所取代。

(3) 交换机(Switch)：是一种基于 MAC 地址识别的，能自动完成封装转发数据包功能的网内互联设备。交换机的主要功能包括物理编址、网络拓扑结构、错误校验、帧序列以及流量控制。目前交换机还具备了一些新的功能，如对 VLAN(虚拟局域网)的支持、对链路汇聚的支持，甚至有的还具有防火墙的功能。

(4) 路由器(Router)：通过逻辑地址进行网络之间的信息转发，可完成异构网络之前的互联互通，只能连接使用相同网络协议的子网。路由器是实现路径选择、数据转换和数据过滤的网际互联设备。其中存储有路由表，能根据传输费用、转接时延、网络拥塞等情况在信源与终点间选择最佳路径。

(5) 网桥(Bridge)：是扩展网络和通信的手段，在各种传输介质中转发数据信号，扩展网络的距离，同时根据帧物理地址进行网络之间的信息转发，并能有效地限制两个子网中无关紧要的通信。利用网桥隔离信息，将网络划分成多个网段，隔离出安全网段，防止其它网段内的用户非法访问。

(6) 网关(Gateway)：是最复杂的网络互联设备，支持不同协议之间的转换，实现两个使用不同协议的网络的互联。主要用于不同体系结构的网络或者局域网与主机系统的连接。

10.1.6　网络拓扑

网络拓扑(Topology)结构是指用传输介质互联各种设备的物理布局，即构成网络的成员(特别是计算机)间特定的排列方式。主要的拓扑结构有以下几种：

(1) 总线型：所有计算机都连到一条公共电缆(总线)上，任何一个站点发送的信号都可在通信介质上广播，并被所有其它站点接收。只要有一个站点与总线间出现故障，将影响整个网络工作。

(2) 环型：所有计算机都连到一个环形线路上，信息流在网中是沿着固定方向流动的，两个节点仅有一条道路，每个站点侦听和收发属于自己的信息。

(3) 星型：所有计算机都连到一个共同的中央节点上。除非中央节点故障，否则任意站点与节点间出现问题都不影响整个网络运行。

(4) 树型：是由总线结构发展而来的，是分级的集中控制式网络。形状像一棵倒过来的树，顶部为根，可持续向下分支，底部的叶节点即为用户的终端设备。除了叶节点及其相连的线路外，任一节点或其相连的线路故障都会使系统受到影响。

(5) 网状型：网络的每台设备之间均有点到点的链路连接，只有每个站点都要频繁发送信息时才使用这种方法。即其控制功能分散在网络的各个节点上，网上的每个节点都有几条不同路径与网络相连。

10.1.7　网络协议

在计算机网络中，两个相互通信的实体处在不同的地理位置，其上的两个进程相互通信，需要通过交换信息来协调它们的动作达到同步，而信息的交换必须按照预先共同约定好的规则进行。这些为计算机网络中进行数据交换而建立的规则、标准或约定的集合统称网络通信协议。

网络协议是网络通信协议的简称，是计算机之间通信时要遵循的规则。Internet 中使用的一种标准网络协议是"传输控制协议/网际协议"，即 TCP/IP 协议(Transmission Control Protocol/Internet Protocol)。TCP/IP 协议是由许多协议组成的协议集，其中 TCP 和 IP 是最重要的两个协议。

10.2　IP 地址与域名

网络中的计算机相互要进行通信，需要先确定通信双方。为了识别 Internet 上不同的主机，为每台网络主机分配了一个标识符。它有两种形式，数字型的 IP 地址和文字型的域名地址。

10.2.1 IP 地址

网际协议地址(Internet Protocol Address)，简称 IP 地址。IP 地址是 IP 协议提供的一种统一的地址格式，它为互联网上的每一个网络和每一台主机分配一个逻辑地址，以此来屏蔽物理地址的差异。

IP 地址是每台连接到网络的主机分配的一个在全球范围内唯一的标识符。按照 TCP/IP 协议规定，目前常用的 IPv4 地址是 32 位二进制数，即 4 个字节。例如， IP 地址 11111111 00000000 0000000 00000001。为了便于人们使用，通常将其每个字节用符号 "." 分隔，并写成对应的十进制数。例如，前面的 IP 地址可以表示为 127.0.0.1。若使用 IPv6 地址的表达形式则为 32 个十六进制数，共 7 个字节，通常用 8 组十六进制数表示，每组之间用符号 ":" 分隔。例如，前面的 IP 地址表示成 IPv6 地址为::7F00:0001。

IP 地址由两个部分构成：网络号和主机号。网络号用于标识一个网络，而主机号用于标识该网络中的一台主机。为了确保 IP 地址的唯一性，所有 IP 地址的网络号都由互联网的网络信息中心 NIC(Network Information Center)负责分配，而主机号则由申请网络号的组织负责分配。所以，一般情况下也可以说 IP 地址是由网络管理员设置，或是由所使用的网络协议自动设置的。

目前，互联网是在 IPv4 的基础上运行的。随着互联网的迅速发展，IPv4 定义的地址空间将被耗尽，为了扩大地址空间，重新定义地址空间的 IPv6 应运而生。IPv4 采用 32 位地址长度，而 IPv6 则采用 128 位地址长度。IPv6 正在不断发展和完善，将逐步取代 IPv4。

因为现有的互联网是在 IPv4 协议的基础上运行的，所以本节以 IPv4 为主进行介绍。

10.2.2 IP 地址分类

根据 IP 地址中网络号和主机号所占二进制位数不同，IP 地址可以分为 A、B、C 三大类。此外还有些特殊用途的 IP 地址。

(1) A 类地址由 1 个字节的网络号和 3 个字节的主机号组成,其网络号的最高位为"0"。A 类地址可以标识 128(2^7)个不同的 A 类网络，每个 A 类网络中最多可容纳 16 777 216(2^{24})台主机。网络号范围为 0～127。

(2) B 类地址由 2 个字节的网络号和 2 个字节的主机号组成,其网络号的最高位为"10"。B 类地址可以标识 16 384(2^{14})个不同的 B 类网络，每个 B 类网络中最多可容纳 65 536(2^{16})台主机。网络号范围为 128～191。

(3) C 类地址由 3 个字节的网络号和 1 个字节的主机号组成,其网络号的最高位为"110"。C 类地址可以标识 2 097 152(2^{21})个不同的 C 类网络，每个 C 类网络中最多可容纳 256(2^8)台主机。网络号范围为 192～223。

除了上面介绍的三类 IP 地址外，还有一些特殊的 IP 地址。例如，127.0.0.0 称为回送地址，代表当前计算机，专用于网络软件本地环回测试。此外，还有一些保留地址只可用于局域网，称为私网地址。要在 Internet 上使用这些私网地址，需要在局域网使用的路由器上设置网络地址转换 NAT(Network Address Translation)，实现将局域网内部地址自动转换为合法的外部 IP 地址。各类网络地址中均保留有一定数量的私网地址。A 类网络中将 10.0.0.0～10.255.255.255 地址段保留为私网地址；B 类网络中将 172.16.0.0～172.31.255.255

地址段保留为私网地址；C 类网络中将 192.168.0.0～192.168.255.255 地址段保留为私网地址。

10.2.3　子网与子网掩码

子网是将一个网络信息中心分配的网络再次划分为多个网络，在 IP 地址上产生的逻辑网络。它可以分配给不同的物理网络使用，以充分利用地址空间。子网将 IP 地址中的主机号分为两个部分，一部分用于标识子网，另一部分用于标识子网中的主机。这样，原来的 IP 地址就演变成：网络号、子网号、主机号，可通过子网掩码将一个网络划分成多个子网。

子网掩码也是一个 32 位二进制数，由前面连续的"1"和后面连续的"0"组成。子网掩码可以区分 IP 地址的网络号、子网号和主机号，并判断 IP 地址是否属于同一个子网。例如，IP 地址为 202.19.192.105(11001010 00010011 11000000 01101001)，如子网掩码为 255.255.255.0(11111111 11111111 11111111 00000000)，则可得出如下信息：IP 地址的网络号为 202.19.192 (11001010 00010011 11000000)，主机号为 105(01101001)，该网络中没有划分更多的子网；如子网掩码为 255.255.255.192(11111111 11111111 11111111 11000000)，则可得出如下信息：IP 地址的网络号为 202.19.192 (11001010 00010011 1100000)，子网号为 1(01)，主机号为 41(101001)，该网络中划分出 4 个子网。再设另一个 IP 地址为 202.19.192.45，子网掩码为 255.255.255.192，则可判断虽然 202.19.192.105 和 202.19.192.45 同属 C 类网络，但却不在同一子网中，因为后者的子网号为 0(00)。

10.2.4　域名系统

由于数字型的 IP 地址不易理解记忆，引入了域名系统 DNS(Domain Name System)。

域名用符号"."将各级域名分隔，按域名级别从高到低由左向右排列，例如，域名 "webmail.ynu.edu.cn"表示中国(cn)教育网(edu)云南大学校园网(ynu)上的 webmail 主机。Internet 对域名命名进行了规范。顶级域名分为地理性和组织性两类，分别如表 10-1 和表 10-2 所示。

表 10-1　地理性顶级域名——表示世界各国或地区的区域名

代码	国家或地区	代码	国家或地区
au	澳大利亚	be	比利时
fl	芬兰(共和国)	de	德国
ie	爱尔兰	it	意大利
nl	荷兰(共和国)	ru	俄罗斯联邦
es	西班牙	ch	瑞士
uk	英国	mo	中国澳门
ca	加拿大	sg	新加坡
Fr	法国	in	印度
Il	以色列	jp	日本
hk	中国香港	tw	中国台湾
cn	中国	us	美国

表 10-2 组织性顶级域名——表明主机服务性质

域名	含义	域名	含义
com	商业机构	mil	军事机构
edu	教育机构	net	网络服务提供者
gov	政府机构	org	非营利组织
int	国际机构		

每级域名都有域名服务器负责域名与 IP 地址的转换，称为域名解析。正是有了域名服务器，网络用户才可以等价地使用域名与 IP 地址。

中国互联网络信息中心 CNNIC(China Internet Network Information Center)作为我国的顶级域名 .cn 的注册管理机构，负责 .cn 域名服务器的运行。国际域名则由美国商业授权的国际域名及 IP 地址分配机构 ICANN(The Internet Corporation for Assigned Name and Numbers)负责注册和管理。

10.3 Internet 的主要服务

10.3.1 WWW

WWW 是万维网 World Wide Web 的缩写，简称为 Web。WWW 并不等同于互联网，万维网只是互联网所提供的服务之一。

WWW 采用浏览器-服务器模式，使用 HTTP(HyperText Transfer Protocol，超文本传输协议)进行通信，使用 URL(Uniform Resource Locator，统一资源定位)定位资源。WWW 的客户端程序称为浏览器。相关 Web 页及其它资源共同组成一个 Web 站点，存放 Web 站点并提供 WWW 的计算机称为 Web 服务器。URL 的格式是：协议类型://地址:端口号/文件名，其中，地址可以是 IP 地址或域名地址，端口号如果采用默认可以省略，文件名包括文件路径。例如，http://www.ynu.edu.cn/index.html。

10.3.2 E-mail

E-mail 即电子邮件，是一种通过计算机网络实现通信的手段。它基于客户机-服务器模式。客户端提供用户界面，负责邮件收发的准备工作。服务器端负责邮件的传输，可分为接收邮件服务器和发送邮件服务器两类。

用户通过申请成为电子邮件系统的用户，有一个属于自己的电子邮箱，对应唯一的电子邮件地址。电子邮箱实际上是在服务器上的一个存储空间。电子邮件地址由用户名和邮件服务器域名组成：用户名@邮件服务器域名。如 abc@sohu.com 或 bcd@mail.ynu.edu.cn。

电子邮件通常由三部分组成：信头、正文和附件。信头包括收信人地址、邮件主题等内容，还包括发信人地址、邮件发送时间等信息。正文即信件具体内容。附件则是附加文件，文件总大小受邮件系统限定。

当发邮件时，邮件传送程序与邮件服务器建立 TCP 连接，按照 SMTP(Simple Mail Transfer Protocol，简单邮件传输协议)传输邮件，经过多次存储转发将邮件存储到收信人邮箱中。

当收邮件时，邮件服务器按照 POP3(Post Office Protocol 3，邮局协议 3)验证用户身份，对邮箱进行读写控制，使用户从客户端读到信箱中的邮件。

10.3.3　FTP

FTP(File Transfer Protocol)文件传输协议实现在不同计算机系统之间传送文件。

文件传输采用客户机-服务器模式，使用 FTP 通信。用户使用的计算机为 FTP 客户机，提供 FTP 服务的计算机称为 FTP 服务器。

用户使用 FTP 服务需要使用 FTP 客户端程序，如网络蚂蚁等 FTP 下载工具。此外，用户需要使用账户和密码登录 FTP 服务器。如果没有账户，则使用公开账户和密码进行匿名登录，获得受限 FTP 服务。从 FTP 服务器上复制文件到本地计算机的过程称为下载(download)，将本地计算机上的文件复制到 FTP 服务器的过程称为上传(upload)。

10.3.4　搜索引擎

搜索引擎是提供信息检索服务的网站，它以一定的策略收集互联网上的信息，在对信息进行组织和处理后，为用户提供检索服务，以帮助人们在网络上搜索需要的信息。

常用的搜索引擎有 Google、雅虎、百度、搜狗等，不同的搜索引擎能力和侧重不同，搜到的结果也会有差异，所以有必要掌握使用不同搜索引擎进行搜索的能力和技巧。

10.3.5　网上交流

BBS(Bulletin Board System，电子公告栏)是一种交互性强、内容丰富的 Internet 电子信息服务系统。BBS 允许在管理员的组织下讨论某些话题，并可使用户之间交换各种文件，用户只需把文件置于 BBS，其它用户就可下载这些文件。

网络新闻(Usenet News)是一个完全交互式的超级电子论坛。用户连接到 News 服务器上，阅读其它人的消息并可以讨论任何话题和发布任何消息。绝大多数 News 服务器都连接在一起，在某个 News 服务器上发表的消息会被送到与其连接的其它 News 服务器上。

MSN(Microsoft Network)是微软公司 1995 年提供的 Internet 服务。用户需要拥有微软公司 Hotmail 网站的邮箱才可登录 MSN。MSN 可为用户提供聊天、通知接收邮件等一系列的网络服务。

10.3.6　电子商务

电子商务(Electronic Commerce)是在全球范围内，基于浏览器-服务器模式，实现消费者网上购物、商户之间网上交易和在线电子支付以及各种买卖双方互不谋面的商务活动、交易活动、金融活动和相关的综合服务活动的一种商业运营模式。目前主要的电子商务模式有 B2B(商业机构对商业机构)、B2C(商业机构对消费者)、C2C(消费者对消费者)和 G2B(政府对商业机构)等。

10.3.7　电子政务

电子政务是应用现代信息和通信技术，将管理和服务通过网络技术进行集成，在互联网上实现组织结构和工作流程的优化重组，打破时间、空间及部门分割的制约，向社会提供符合国际水准的管理和服务。电子政务主要用于国家机关发布消息、政策，反馈各阶层意见，实现网络办公等方面。与传统行政方式不同，电子政务的行政方式是电子化的，即行政方式的无纸化、信息传递的网络化、行政法律关系的虚拟化等。目前主要的电子政务的模式有 G2G(政府对政府)、B2G(商业机构对政府)和 C2G(政府对消费者)等。

10.4 常 用 操 作

10.4.1 浏览器 IE(Internet Explorer)操作

1．设置 Internet 选项

选择"工具"→"Internet 选项"，打开对话框进行 Internet 选项设置。例如在"常规"标签中更改主页。

2．设置临时文件夹

IE 的临时文件夹存储了用户查看过的内容，可提高再次浏览该内容的速度。用户可设置该文件夹以达到最优效果。首先打开"Internet 选项"对话框，单击"常规"→"设置"按钮，在"Internet 临时文件"标签中设置 Internet 临时文件夹的磁盘空间大小。该值设得越大对提高浏览速度的帮助越大，设置的具体值与实际情况有关，如果硬盘空间充足，可将该值设得大些，反之，则应设得小些。如果硬盘有多个分区，还可通过"移动"按钮指定其它位置来存储临时文件。

3．清除历史痕迹

IE 的临时文件虽然可以提高浏览速度，但同时也占用了磁盘空间，且会暴露网上行踪。要删除这些临时文件，可打开"Internet 选项"对话框，单击"常规"→"删除"按钮来删除不需要的内容。

4．代理设置

当局域网通过代理服务器连接到 Internet 时，需要在 IE 中设置代理。打开"Internet 选项"对话框，单击"连接"→"局域网设置"按钮，在"局域网 LAN 设置"对话框中，选中"代理服务器"→"为 LAN 使用代理服务器"复选框，并在"地址"文本框中输入代理服务器的 IP 地址，如 202.203.208.33，在"端口"文本框中输入所使用的代理服务器的端口。

5．其它常用操作

(1) 保存网页。

使用"工具"→"文件"→"另存为"可将网页保存为以下形式：

① 保存为网页(全部)。

选择文件类型为"网页,全部(*.htm;*.html)"。这种方式会生成一个 .html 文件和一个文件夹，其中包含网页的全部信息。

② 保存为 Web 档案(单个文件)。

选择文件类型为"Web 档案，单一文件(*.mht)"。这种方式会得到一个 .mht 文件，该文件包含网页的全部信息。

③ 保存为网页(仅 HTML)。

选择文件类型为"网页，仅 HTML(*.htm 和*.html)"。这种方式只有网页中的文字信息，不包含图片信息等。

④ 保存为文本文件。

选择文件类型为"文本文件(*.txt)"。这种方式会生成一个文本文件，不仅不包含网页中的图片信息等，而且文字信息的效果也不存在。

(2) 收藏网址。

通过单击"查看收藏夹、源和历史记录"按钮，可打开相应对话框。

单击"添加到收藏夹"按钮，可将用户感兴趣的网址添加到收藏夹，以便再次访问。以外，在 Windows 7 中，"收藏夹"对应 C:\users\用户名\Favorites 文件夹，一个文件记录一个网址，备份该文件夹即可备份收藏的网址。

除了收藏夹外，还可单击"历史记录"标签，查看过去访问过的网页。

(3) 查看源文件。

通过"工具"→"F12 开发人员工具"可查看当前网页的源代码。

(4) 在新窗口中打开网页。

打开链接的快捷菜单，选择"在新窗口中打开"选项即可。

10.4.2　信息检索

信息检索主要是通过搜索引擎来完成的。搜索引擎是提供信息检索服务的网站，它以一定的策略收集互联网上的信息，在对信息进行组织和处理后，为用户提供检索服务，以帮助人们在网络上搜索到需要的信息。常见的搜索方式有基于关键字的搜索或基于分类目录的搜索。

通常用户使用搜索引擎时，习惯先进入其网站再输入关键词搜索。实际上大多数浏览器均支持直接从地址栏中进行快速高效的搜索，只需键入一些关键字，就可直接从缺省设置的搜索引擎中查找与搜索内容最匹配的结果，并列出其它类似的站点以供选择。

10.4.3　查看网络配置

IPconfig 命令是 Windows 自带的一个网络检测程序，可用于检测 TCP/IP 配置是否正确。

若发出 IPconfig，将显示本机的 IP 地址、子网掩码和缺省网关；若发出 IPconfig/all，将显示已配置的 DNS、本机网卡的 MAC 等更为详细的信息。

10.4.4　网络连通性测试

Ping 命令是 Windows 自带的一个网络故障检测程序，可用于确定本机是否能与另一台主机通信，如 ping 202.203.208.124。许多网络设备，如路由器、交换机等，都支持 Ping 命令。

默认情况下，Ping 命令发送 4 个回送请求数据包。如网络正常，本机就会接收到 4 个回送应答数据包。其中，time 是从发送请求到收到应答之间的时间，单位是毫秒，Minimum 为最短应答时间，Maxinum 为最长应答时间，Average 为平均应答时间；Bytes 是数据包大小，默认是 32 Bytes；Reply 是 Ping 的次数，默认是 4 次；Sent 是发送的请求数据包个数；Received 是接收的应答数据包个数；Lost 是丢失包的个数；生存时间 TTL(Time To Live)是 IP 报头中一个非常重要的参数，告诉网络中的路由器数据包在网络中的时间是否太长而应被丢弃。由于数据包每经过一个路由器时，TTL 值都会至少被路由器减 1，所以 TTL 值可用来推算数据包经过多少个路由器网段。不同的操作系统，TTL 默认值不同。一般情况下，路由网段数 = 2^n–TTL，其中 2^n 是比返回的 TTL 值略大的乘方数。如 TTL = 250，则 2^n 为 256(2^8)，说明从源地点到目标地点要经过 256−250 = 6 个路由网段。通常，Windows 7 操作系统的 TTL 值是 64，Windows 2000/XP/2003 及 Windows 8 操作系统的 TTL 值为 128，Linux 操作系统的 TTL 值为 64 或 255，UNIX 操作系统是 255 等。所以，从 TTL 值也可大致判断对方机器使用的操作系统。

10.4.5　网络共享资源设置

局域网用户可将本机资源指定为共享资源，这样其它用户就可通过网上邻居访问共享资源。

要设置共享资源，首先要打开"网络和共享中心"，选择"更改高级共享设置"，在相应网络中启用相应资源的共享效果。

1．设置共享文档

右键单击要共享的文件夹，选择"属性"→"共享"，通过"共享"和"高级共享"按钮设置共享权限。

2．设置共享打印机

首先确定网络中有一台计算机连接了可使用的打印机；右键单击要共享的打印机图标，选择"打印机属性"→"共享"，勾选"共享这台打印机"，并在"共享名"文本框中设置打印机的共享名称。

10.4.6　设置 IP 地址

局域网中可通过静态手工分配和 DHCP(动态主机配置协议)服务器动态分配两种方式来设置 IP 地址。

在 Windows 中已经默认安装了 TCP/IP 协议。通过"网络和共享中心"→"更改适配器设置"，右键单击"本地连接"，选择"属性"，打开"本地连接"属性对话框，单击"网络"标签选择"Internet 协议版本 6(TCP/IPv6)"或"Internet 协议版本 4(TCP/IPv4)"，单击"属性"按钮，打开对应的"TCP/IP 属性"对话框，就可设置 IP 地址了。

10.5　实　　验

10.5.1　基本实验

➢ 实验 1　E-mail
● 实验目的
发送 E-mail。
● 实验内容
给任课老师发送一封电子邮件，内容包括：

(1) 主题自拟。

(2) 正文为自己的姓名与联系电话。

(3) 用附件发送一张 .jpg 格式的照片。

➤ **实验 2　查看网络配置**

● **实验目的**

了解使用 IPconfig 命令。

● **实验内容**

(1) 新建文件夹"实验 5"。

(2) 使用 IPconfig 命令查看计算机的以下配置：计算机名称、MAC 地址、IP 地址、网络类型(A、B、C 类)，并记录在文件"网络配置.txt"中，将文件保存在文件夹"实验 5"中。

(3) 使用 Ping 命令查看计算机的网络连通情况，将显示结果的窗口保存成图片文件"网络连通情况.jpg"，将图片文件保存在文件夹"实验 5"中。

➤ **实验 3　IE 设置**

● **实验目的**

设置 IE 环境。

● **实验内容**

(1) 浏览云南大学网站，并查看主页的源程序文件。

(2) 将云南大学的主页设置为 IE 的主页。

(3) 将云南大学完整的主页作为一个文件保存在文件夹"实验 5"中。

(4) 搜索云南师范大学、云南民族大学、昆明理工大学的网址，并收藏在 IE 中；将收藏夹复制到文件夹"实验 5"中。

(5) 删除浏览历史记录。

(6) 将文件夹"实验 5"压缩成名为"*自己的学号*"的 .zip 或者 .rar 文件提交到"e-learning"的相应课程中。

10.5.2　扩展实验

➤ **实验 4　搜索和下载**

● **实验目的**

搜索和下载网络文件资源。

● **实验内容**

(1) 浏览微软的 FTP 服务器，将其根目录下的内容记录到文本文件"ftp 目录"中，文件保存在文件夹"实验 5"下。

(2) 搜索并下载一个 FTP 工具，并使用它下载微软 FTP 服务器上的一个文本文件；保存在文件夹"实验 5"下。

(3) 将文件夹"实验 5"压缩成名为"自己的学号"的 .zip 或者 .rar 文件提交到"e-learning"的相应课程中。

10.5.3 学有余力

➤ **实验 4　了解 Outlook 的使用**

掌握 Outlook 收发邮件的基本操作，如设置电子邮件账户，设置新邮件到达提醒等。

➤ **实验 5　了解 Web 服务器的配置**

安装 IIS，并创建自己的 web 站点。

➤ **实验 6　了解 HTML 网页**

编写一个 HTML 网页，要求：

(1) 网页标题为"Hello"。

(2) 在网页上以红色、粗体、斜体、楷体、水平居中显示文字"欢迎体验网页制作"。

(3) 在上述文字下方制作一个超链接，链接到云南大学的主页。

(4) 预览网页效果。

(5) 将网页以文件名"Hello.htm"保存在文件夹"实验 5"中。

➤ **实验 7　网站制作**

使用 FrontPage 制作个人网站。要求：

(1) 在文件夹"实验 2"下新建文件夹"mydorm"，使用"空白网站"模板新建网站，指定新网站的位置为文件夹"mydorm"，名称为"mydorm"。

(2) 使用"横幅和目录"模板创建一个框架网页，标题为"我的宿舍"，并以文件名"index.htm"保存。

(3) 使用拆分视图查看网页，在横幅框架中点击"新建网页"，以文件名"top.htm"保存。

(4) 在"top"网页中，设置标题为"标题网页"，添加"字幕"，内容为"欢迎参观自己的宿舍"，背景为青色，字体为楷体、48pt、白色。

(5) 新建普通网页"introduce.htm"，标题为"简单介绍"，网页包括介绍宿舍基本情况的一段文字和一幅图片，设置图片为左对齐，宽度为 120，高度为 100，并将图片保存在站点的 images 文件夹中。

(6) 新建普通网页"roommate.htm"，标题为"我的舍友"，网页包括的一个表格，介绍舍友基本情况(一人一行，包括姓名、头像等)，设置表格居中显示，边框为 3，亮边为银白色，暗边为蓝色。

(7) 新建普通网页"life.htm"，标题为"宿舍生活"，以"宿舍生活"为主题自由设计该网页，要求配有背景音乐，并将背景音乐保存在站点相应文件夹中。

(8) 新建普通网页"left.htm"，标题为"目录"，在网页中插入三个按钮"简单介绍"、"我的舍友"和"宿舍生活"，分别链接到对应网页，并将对应网页显示在内容框架中。

(9) 在"index"网页中，将目录框架的初始页设置为"left.htm"，内容框架的初始页设置为"introduce.htm"。

(10) 预览网站效果。

(11) 将文件夹"实验 5"压缩成名为"自己的学号"的 .zip 或者 .rar 文件提交到"e-learning"的相应课程中。

参 考 文 献

[1]　王玉龙. 计算机导论. 北京：电子工业出版社，2002.

[2]　朱战立，李高和，杨谨全. 西安：西安电子科技大学出版社，2003.

[3]　朱战立，杨谨全，李高和，等. 西安：西安电子科技大学出版社，2005.

[4]　王玉龙，付晓玲，方英兰. 计算机导论. 3 版. 北京：电子工业出版社，2010.

[5]　陈明. 计算机导论. 北京：清华大学出版社，2009.

[6]　张勇，周传生，张丽霞. 计算机引论. 北京：清华大学出版社，2012.

[7]　J. Glenn Brookshear. 计算机科学概论. 9 版. 刘艺，冯坤，徐建桥，等，译. 北京：人民邮电出版社，2007.

[8]　Behrouz Forouzan, Firouz Mosharraf. 计算机科学导论. 2 版. 刘艺，瞿高峰，等，译. 北京：机械工业出版社，2009.

[9]　杨振山，龚沛曾. 大学计算机基础简明教程. 北京：高等教育出版社，2006.

[10]　龚沛曾，杨志强. 大学计算机基础. 5 版. 北京：高等教育出版社，2009.

[11]　胡圣明. 软件设计师教程. 3 版(修订版). 北京：清华大学出版社，2011.

[12]　唐朔飞. 计算机组成原理. 2 版. 北京：高等教育出版社，2008.

[13]　张尧学，史美林，张高. 计算机操作系统教程. 3 版. 北京：清华大学出版社，2006.

[14]　王红梅，胡明. 算法设计与分析. 2 版. 北京：清华大学出版社，2013.

[15]　严蔚敏，吴伟民. 数据结构. C 语言版. 北京：清华大学出版社，2012.

[16]　张素琴，吕映芝，蒋维杜，等. 编译原理. 2 版. 北京：清华大学出版社，2011.

[17]　冯博琴. 大学计算机基础及实验指导. 北京：机械工业出版社，2005.

[18]　杨振山，龚沛曾. 大学计算机基础简明教程实验指导与测试. 北京：高等教育出版社，2007.

[19]　赵欢，吴蓉辉，陈娟. 大学计算机基础——计算机操作实践. 北京：人民邮电出版社，2008.

[20]　Ed Bott, Woody Leonhard. Office 2007 应用大全. 张乐华，朱珂，许晓哲，等，译. 北京：人民邮电出版社，2008.

[21]　黄冬梅，王继爱. 大学计算机应用基础案例教程. 北京：清华大学出版社，2009.

[22]　梁其文，邹建平，陈文庆，等. 新编计算机应用基础实验教程. 北京：冶金工业出版社，2009.

[23]　翟晓晓，董立峰，赵菲菲，等. 玩转 Windows 7. 北京：机械工业出版社，2010.

[24]　龙马工作室. Office 2010 中文版完全自学手册. 北京：人民邮电出版社，2011.

[25]　游溯涛. 办公软件应用教程. 昆明：云南大学出版社，2011.

[26]　刘晓明，崔立超. Windows 7 完全自学手册. 北京：人民邮电出版社，2012.

[27]　神龙工作室. Office 2010 中文版从入门到精通. 北京：人民邮电出版社，2012.

[28]　李凡，李赛红. 计算机信息技术实践教程. 北京：科学出版社，2013.

[29]　龙马工作室. Windows 8 实战从入门到精通. 北京：人民邮电出版社，2013.